"十三五"时期济南市小清河水生态调查

郑琳琳　潘　光　王兆军　张水燕　著

中国海洋大学出版社
·青岛·

图书在版编目(CIP)数据

"十三五"时期济南市小清河水生态调查／郑琳琳
等著. -- 青岛：中国海洋大学出版社，2024.12.
ISBN 978-7-5670-4039-7

Ⅰ. X321.252.1

中国国家版本馆 CIP 数据核字第 2024650M45 号

"SHISANWU" SHIQI JINAN SHI XIAOQING HE SHUISHENGTAI DIAOCHA
"十三五"时期济南市小清河水生态调查

出版发行	中国海洋大学出版社		
社　　址	青岛市香港东路 23 号	邮政编码	266071
出 版 人	刘文菁		
网　　址	http://pub.ouc.edu.cn		
电子信箱	94260876@qq.com		
订购电话	0532－82032573（传真）		
责任编辑	孙玉苗	电　　话	0532－85901040
装帧设计	青岛汇英栋梁文化传媒有限公司		
印　　制	青岛国彩印刷股份有限公司		
版　　次	2024 年 12 月第 1 版		
印　　次	2024 年 12 月第 1 次印刷		
成品尺寸	170 mm × 230 mm		
印　　张	13.75		
字　　数	216 千		
印　　数	1—1000		
定　　价	68.00 元		

发现印装质量问题，请致电 0532-58700166,由印刷厂负责调换。

目录 Contents

第一编

2016年济南市小清河水生态状况调查

✪ 摘　要

河流生态系统是地球上复杂的生态系统之一,几乎与各方面的人类活动均存在直接或间接的联系。小清河是山东省一条重要的省级河流,具有泄洪、航运、灌溉、养殖等多种功能。近年来,随着工业生产的发展,大量工业废水和生活污水直接排入河中,致使小清河水质急剧下降。为此,济南市政府高度重视小清河水质达标工作,要求落实小清河生态补水措施,并建立小清河生态补水模型。生物群落组成的改善与恢复是水质改善后追求的目标。生态补水工程完成后,以小清河生态补水模型为理论依据,小清河济南段水生生物多样性调查研究启动。本次调查研究对了解小清河补水初期和补水后水生生物的群落结构和组成、补水后水生生物群落的变化有重要基础意义,为小清河生态补水、水质改善等各方关切的重要工程提供生物学数据支持。

调查研究结果表明,小清河济南段水生生物群落多样性水平整体较低。环节动物门寡毛类(水丝蚓属和尾鳃蚓属)占捕获总量的比例最大,尤其在冬季和春季的比例极高。寡毛类是G35高速窄口、大码头和鸭旺口水生动物群落的优势类群,构成了本地区大型底栖动物的主体,其中水丝蚓属又是优势类群中的优势属。各个样点水生生物种类和数量的季节变化明显,其中浮游植物变化最大,底栖动物群落组成相对稳定。鱼类是睦里庄样点的优势类群之一,拥有14种,绝大部分为原生观赏鱼类,鳑鲏亚科种类多达4种。睦里庄水域是鳑鲏亚科鱼类重要的集中分布地,具有重要的栖息地保护价值。

小清河济南段水生生物群落多样性呈现出上、下游高而中游低的现象。水生生物群落多样性最高的样点为睦里庄,最低的样点为还乡店,其他4个样点的多样性比较接近。各个样点中,G35高速窄口、大码头、鸭旺口和辛丰庄水生生物群落的相似度较高。

利用 Shannon-Wiener 指数与生物学污染指数评价了各个样点的水质状况。小清河济南段的整体水质状况如下：睦里庄和辛丰庄为轻度污染或轻中度污染，其他样点为重中度污染或重度污染。Shannon-Wiener 指数与生物学污染指数能够比较一致地反映小清河济南段的水质状况，但是在还乡店样点存在明显的差异。还乡店水域的污染类型与邻近样点，如 G35 高速窄口、大码头等可能不同，导致其底栖动物的种类组成与邻近样点的区别明显。Shannon-Wiener 指数更适用于还乡店的污染类型。浮游植物群落变化与水体总氮的动态变化，一定程度上反映出浮游植物对氮源的利用过程。在调查范围内,硝化细菌集中分布于底泥中。微生物群落结构的初步研究结果表明底泥很可能在水体氨氮和总氮降解过程中发挥了重要作用,其中的硝化细菌是重要的参与者。

水体微生物具有分布范围广、世代更替快的特点,在水质监测方面兼有理化指标和生物指标的优势,是一种很有前景的水质监测指标。与氨氮降解直接相关的微生物主要为硝化细菌。在调查范围内,硝化细菌集中分布于底泥中。这些调查研究结果为后续研究指明了方向。

第一章　研究概述

一、水生生物在水生生态系统中的作用

1. 浮游生物在水生生态系统中的作用

浮游生物，是指在水流的作用下，被动地漂浮于水层中的生物。这类生物数量大、分布广、种类组成十分复杂，其共同特点就是缺乏发达的运动器官，只能随水流移动（郑重等，1984）。浮游生物的种类组成和数量变动与水体的理化环境息息相关。按营养方式，浮游生物可分为浮游植物和浮游动物。这两类浮游生物的时空变化、群落多样性和异质性研究对于了解水体生态系统的生物群落结构以及阐明水体理化现象的变化规律等是不可或缺的基础工作。

浮游植物（phytoplankton）是水生生态系统中重要的初级生产者，其通过光合作用固定二氧化碳为有机碳，是物质循环和能量流动中的关键环节（Lalli 等，1993）。浮游植物作为水体经典食物链的最始端，是浮游动物、鱼类等直接或间接的饵料。此外，浮游植物在生长过程中会释放大量的溶解有机物（dissolved organic matter，DOM），这些有机物可成为细菌等原核单细胞生物生命活动所需的营养物质（郭术津，2012）。浮游植物的生态学研究，可为了解水生生态系统的结构与功能打下坚实的基础（Nelson 等，1996；Bates 等，1998；Arrigo 等，2000）。

浮游动物（zooplankton）与其他水生动物相比，个体较小，但数量极大，代谢活动旺盛（杨宇峰等，2000）。植食性浮游动物通过摄食控制浮游植物丰度的时空分布，同时饵料浮游动物也是捕食性浮游动物及上层经济鱼类的重要饵料来源（Ruhl 等，2004），对渔业的发展具有重要意义。浮游动物种群与鱼类（尤其是幼鱼）的时空关系，很大程度上决定了鱼种的补充机制（唐启升等，2000）。浮游动物是水生生态系统中重要的次级生产者，在物质循环和能量流动的过程中起到承上启下的枢纽作用（朱延忠，2008）。浮游动物不仅支撑着水生食物网，同时也对微生物群落产生重要作用。浮游动物的排泄物经过再循环过程为细菌和浮游

植物的生长提供氮。微生物聚集在浮游动物的粪球和尸体上,为碎屑食性的生物提供充足的有机碳。这些浮游动物的粪便和尸体缓慢并持续地沉降到水底,为底泥微生物、水生植物提供充足的营养。

2. 大型底栖动物在水生生态系统中的作用

底栖动物(zoobenthos)是底栖生物中的动物的总称,一般包括生活史的全部或大部分时间栖息在水域底上和底内的所有动物,其中水生底栖无脊椎动物种类最多。底栖动物按照个体的大小可划分为微型底栖动物、小型底栖动物和大型底栖动物。分选时一般能被 500 μm 孔径的网筛所筛留的底栖动物称为大型底栖动物(macrobenthos),包括水生昆虫幼虫、甲壳动物、水生软体动物和水生环节动物等;能通过 500 μm 孔径的网筛但不能通过 42 μm 孔径的网筛的底栖动物称为小型底栖动物(meiobenthos);能通过 42 μm 孔径网筛的底栖动物称为微型底栖动物(nanobenthos)。研究表明:在大多数水生生态系统中,大型底栖动物的种类、数量和生物量占所有底栖动物类群的比例超过 90%(Higgins 等,1988)。因此,对底栖动物的研究多以大型底栖动物为主要对象。底栖动物是水生生物的重要组成部分,也是水生生态系统中的次级消费者、食物链的中间环节,在水生环境的物质循环、能量流动中发挥着极其重要的作用。大型底栖动物具有促进生物沉降及生物搅动的功能,对水层-底栖耦合及生物地球化学循环有着十分重大的贡献(张志南,2000)。与其他水生生物相比,大型底栖动物在水生生态系统中的特殊地位和作用是不可替代的。

《湿地公约》中将湿地的概念定义为人工的或天然的、暂时性或永久性的沼泽地、泥炭地和水域地带,蓄有流动或静止的淡水、半咸水或咸水水体,也包括低潮时水深不超过于 6 m 的海域(赵学敏,2005)。长久以来,森林、湿地和海洋并称为地球的三大生态系统。湿地生态系统是自然界中生物多样性、生产力、利用价值均很高的特殊生态系统之一,它具有蓄洪防旱、调节气候、美化环境、保持水源、净化水质和保护生物多样性等重要的生态学功能。因此,湿地生态系统常被誉为"天然水库""天然物种库"和"地球之肾"(赵俊权等,2005;杨波,2004;雷昆等,2005;李广玉等,2005;胡知渊等,2009)。大型底栖动物是水生动物重要生物类群,也是自然湿地中必不可少的类群,是生态系统的重要组成部分,在湿地生态系统食物链中起重要作用,能够通过自身的代谢过程降低水中污染物的含量、提高营养物质在生态系统中的转化速率、促进生态系统中能量的流动、加速水体底质中有机质的分解等,并且还可以对植物落叶进行粉碎、细化甚至起到部分分解的作用。研究表明,在具有大量树叶及草质腐殖质的底质中,大型底栖动物的密度和数量显著影响树叶分解的速率(颜玲等,2007)。大型底栖动物属于次级消费者,大多以水中的底栖藻类、有机碎屑和浮游生物等为食物,同时又被处于更高营养级的动物如某些鱼类、鸟类取食,处于食物链的重要中间环节,它的数量直接影响其他物种的生存和繁殖(龚志军等,2001),所以大型底栖动物在河流、湖泊等自然及城市湿地生态系统中具有重要的地位。

3. 鱼类在水生生态系统中的作用

鱼类在水生生态系统的食物链上处于较高营养级。鱼类的多样性是低营养级生物的生物量和多样性的指标,一定程度上反映了生态系统能量流动和物质转换情况。鱼类是河流生态系统中最常见的脊椎动物,是一类相对高等的动物类群。因此,水体环境污染对鱼类的危害更容易被人类认知。

环境内分泌干扰物(endocrine disrupting chemical, EDC),又称环境激素,是指具有干扰体内正常分泌物质的合成、释放、运转、代谢、结合、消除等过程,激活或抑制内分泌系统功能,从而破坏其维持机体稳定性和调控作用的外源性化合物。EDC 来源广泛,其中大部分通过人类生产活动与生活释放到环境中,如农业生产中的杀虫剂和除草剂,工业生产中的铅、汞和镉等,医药制品中的激素类、抗癌类药物等。此外,人类目前广泛使用的塑料制品、表面活性剂、合成洗涤剂、消毒剂和防腐剂等也被认定为 EDC 的重要来源。EDC 一旦进入环境和生物体内,就难以分解,并具有致癌、致畸、致突变等影响。EDC 进入水中能够影响鱼类早期生长发育、性别分化、繁殖和资源分布等。因此,了解水体中 EDC 污染状况及其对鱼类的繁殖危害,对于积极采取 EDC 危害防治措施以及保护鱼类资源和水生生态系统具有重要意义。

鱼类具有很高的观赏价值。在公众的生态审美意识不断提高的背景下,原生鱼类成为新的观赏热点。对于不以渔业为发展目标的城市河流,没有直接经济价值的原生鱼类的多样性是水生态环境状况的可视化指标。

4. 微生物在水生生态系统中的作用

水体中微生物种类繁多、数量巨大,污染水体中微生物的种类仅次于土壤中的。微生物具有很强的降解和转化污染物的能力,因而在受污水体中起着举足轻重的作用。对目标水源微生物群落的结构和多样性及其动态变化进行研究,可以为优化群落结构、调节群落功能和发现新的重要微生物功能类群提供可靠的依据。从中进一步分离得到优势菌株,再通过调整该优势菌的活性状态还可将其用于水体生态恢复。

微生物多样性以及群落结构的研究以往通常沿用传统分离、培养、鉴定并描述特征的流程。然而,研究证实自然界中有85%～99.9%的微生物至今还不可纯培养,因而以此为前提的微生物多样性和群落结构研究受到了影响。随着DNA测序技术的发展,利用二代甚至三代测序技术,可以直接检测大样本中环境微生物的种类组成,彻底摆脱了培养基检测方法的束缚,极大地促进微生物指标在环境监测中的应用。第二代测序平台以 Illumina 公司的 Solexa, Roche 公司的454, Life Technologies 公司的 SOLiD、Ion Torrent 为主。这些测序平台最大的特点是数据产出通量高,可为微生物物种鉴定和生态功能分析,以及群落结构和遗传多样性的研究提供丰富的信息。高通量测序技术可用于检测微生物细胞内特定遗传物质(原核微生物 16S rDNA/rRNA)。这些特定的遗传物质都具有一定的进化保守性。保守区序列为同类微生物所共有,在保守区序列中存在进化造成的物种之间存在差异的可变区域。因此,可通过对这些序列可变区域的测定和比对,探究并揭示水体中的微生物多样性和群落结构。

二、水生生物的群落结构

生物群落是指在相同时间聚集在一定地域或生境中各种生物种群的集合。生物的群落结构是群落功能的基础。因此,对水生生物的全面研究必须基于对其群落结构的研究。

浮游生物为淡水水体中的生产者和重要初级消费者,不但是水质监测的重要生物指标,而且是经济水产动物——中上层水域中的鱼类和其他经济动物的重要饵料来源,对渔业的发展具有重要的意义。浮游动物群落作为湿地主要生物群落之一,其种类和数量的变化是湿地水质的重要指标之一。

到目前为止,国内外对大型底栖动物群落结构的研究比较多,其中所涉及的生境包括海域、湿地、河流及湖泊等(厉红梅等,2003;胡本进等,2005;邵美玲等,2006;Warwick,2006;王宗兴,2007;熊飞等,2008;刘录三等,2009)。在国际上,大型底栖动物的区系分析和群落结构的研究一直备受关注（Stillman 等，2000；Herman 等，2001；Lindegarth 等，2001；Mermillod-Blondin 等，2003；Hastie 等，2006；Cortelezzi 等，2007；Inga 等，2009）。

当今国内外对大型底栖动物群落结构的研究主要采用以下两种方法：一种是利用长期的实测数据进行研究分析，另一种则是对长期的监测数据资料进行对比分析（Sarda 等，1994；Lopez-Jamar 等，1995）。这两种方法各有其优点和缺点。第一种研究方法的优点在于数据的可比性较强，缺点为只有通过长期有规律的采集，获得大量的样本才能对大型底栖动物群落结构随时间的变化规律进行分析。第二种方法通过对研究地区的长期监测数据资料的搜集分析，可以迅速地确定动物区系的变化，但搜集资料比较难，而且实践证明这种方法很少能够提供有关动物区系变化的直接原因及其动力学的信息。此外，第二种方法参照的观察值常常过于陈旧，而所测定的环境因子也很有限（Beukema 等，1996；Jensen，1992；张培玉，2005）。由于众多研究者前期工作的积累，仅仅采用第一种研究方法的比较少，更多的是同时采用两种方法，以获得可比性较强的数据和详细的长期资料。

对大型底栖动物群落结构的研究主要集中于群落的物种组成及其分布、种群的生物量和密度及其季节变化、不同生境大型底栖动物群落结构的差异等方面。由于地球水域广阔，生境差异显著，所以各个地区的大型底栖动物群落结构和物种构成不尽相同。我国湿地大型底栖动物中的三大门类是节肢动物、软体动物和环节动物，这三大动物类群又分别以寡毛类、摇蚊类和螺类为显著的优势类群（许巧情，2001；吴天惠，1991）。

大型底栖动物的分布具有地域性。对安邦河湿地保护区的调查分析得出大型底栖动物大多数为广布种，如水生昆虫幼虫中的前突摇蚊属（*Procladius*）、隐摇蚊（*Cryptochironomus digitatus*）、摇蚊属（*Chironomus*），寡毛类中的正颤蚓（*Tubifex tubifex*）等。东北地区湿地水体中的常见种类也是适应性很强的世界性种类，数量大，出现率高。正颤蚓虽属广布种，但在北方出现的可能性较大，这种情况可能与正颤蚓喜寒的习性有关（刘茂奇，2009）。

有关大型底栖动物的密度和生物量的研究发现，密度和生物量的变化要根据水体的具体情况而定，主要看水体中大型底栖动物类群——水生昆虫幼虫、软体动物和寡毛类中哪个占优势（俞大维等，1991）。同时，大型底栖动物密度和生物量的季节变动规律还要根据三大类群的具体情况分析：多数情况下寡毛类的密度和生物量以秋季较大，夏季较小。夏季是软体动物中的螺类大量繁殖而产生仔螺的时期，所以夏季软体动物密度较大。仔螺随着生长发育，数量、体形、质量均增加，到秋季螺类生物量就达到一年中最大。因此，水生软体动物的密度以夏季较大，春季最小，而生物量却是以秋季最大而冬、春季较小。水生昆虫幼虫中特别是摇蚊类在气温升高时进入羽化期并飞离水面在空中交配，完成一个生命周期，所以水生昆虫幼虫的密度和生物量在冬、春季最大而到夏季变得较小（刘茂奇，2009）。孙刚（2001）对长春南湖大型底栖动物群落研究结果表明：大型底栖动物群落的生物量和能量的最大值均出现在7月，而个体数量的最大值则出现在5月，二者出现差异的原因是夏季水生昆虫幼虫的羽化使底栖动物的数量减少。水生昆虫幼虫的个体小，生物量也较小，在底栖动物的生物量中所占比例很小，所以水生昆虫幼虫数量的减少并未使大型底栖动物生物量受到很大影响。与之相反，夏季气温升高，使水体中的温度随之升高，水体中的饵料变得更加丰富多样，此时恰逢水生软体动物幼体生长发育的高峰期，而且大型底栖动物中的软体动物决定总生物量的大小，所以在夏季大型底栖动物的生物量和能量达到一年中最大值。蒋万祥等（2009）对香溪河水系调查显示大型底栖动物群落主要是由水生昆虫幼虫组成的，同时对大型底栖动物密度和生物量的季节动态进行分析，结果表明：大型底栖动物的密度和生物量均以冬季最大，春、秋季次之，夏季则出现最小值。

水体的类型不同，大型底栖动物的群落结构也会有所不同（马徐发等，2004；王银东，2005；王银东等，2005）。池仕运等（2009）在对湖北省三道河水库大型底栖动物的初步研究中比较了不同类型水库的底栖动物群落：山谷型（平均水深20 m）的三道河水库，大型底栖动物群落的结构较为单一，主要由摇蚊幼虫和颤蚓类组成，并且种类组成的季节变化较明显，夏季物种种类最为丰富，而春、秋季种类相对较少；丘陵型浅水型（平均水深5.6 m）的浮桥河水库，大型底栖动物类群较为丰富，主要由寡毛类、水生软体动物和水生昆虫幼虫组成，而且种类组成的季节变化不明显。闫云君等（2005）对草型湖泊扁担塘和藻型湖泊后湖大型底栖动物群落的结构进行详细的比较研究，结果表明，大型底栖动物群落不论在物种数目、生物多样性，还是在密度和生物量等方面，草型湖泊扁担塘均高于藻型湖泊后湖。

鱼类处在水生食物链的较高营养级。鱼类的群落结构能够间接反映下层营养级的群落多样性,也能够直接体现高等动物对水体环境的适应度。相比于浮游生物、微生物等低等小型生物,鱼类的种类、数量和分布是公众最关心的水质改善指标。

三、环境因子对水生生物的影响

1. 非生物因子

影响水生生物的非生物因子很多,但常用来研究的因素主要是水体温度和盐度、底质类型、pH、有机物、溶解氧含量以及一些无机元素(如金属离子)的含量等。

温度是一种重要的非生物因子,所以较多的研究人员关注温度对大型底栖动物的影响。温度影响大型底栖动物的生长发育。研究表明:在一定的温度变化范围内(0～25℃),水体温度的升高可以提高大型底栖动物的生长发育速率,从而大大缩短大型底栖动物的生命周期,进而提高大型底栖动物生产力(Tokeshi,1995;Benke,1984)。还有研究表明,在大的地理分布尺度上,物种种类组成和水体温度有着密切的关系,例如,在不同温度带的河口,大型底栖动物类群物种数有明显的差异(Day等,1989)。

盐度对大型底栖动物群落的影响是地域性的。例如,在潮间带和河口等地域,生物受盐度的影响较为明显。有报道称盐度是影响河口大型底栖动物分布的主要因素之一,而多数内陆淡水水域少受盐度干扰,盐度变化很小,大型底栖动物受盐度的影响不大。沿河口大尺度纵向梯度,潮滩湿地大型底栖动物物种及功能群的分布格局主要由盐度梯度决定,并且群落结构与河口盐度梯度的地理格局呈正相关关系:从河流上游到下游河口,随着盐度的不断增高,潮滩湿地的大型底栖动物物种数和功能群类型数逐渐增加(袁兴中,2001)。

水体的底质有多种,如黏土、腐质、泥质和砂质等。不同的底质对大型底栖动物群落结构的影响是不一样的。陈其羽等(1982)早期的研究认为,在砂土、黏土、软泥、腐泥等不同的底质中,大型底栖动物特别是寡毛类和摇蚊幼虫的生物量分布是不相同的。各物种的生活习性不同,例如,寡毛类、摇蚊幼虫等都喜欢钻泥,并且喜欢生长在疏松泥质中,而大部分的水生昆虫幼虫如毛翅目、蜻蜓目的幼虫则偏爱水草茂密的地区。因此,大型底栖动物群落和环境因子之间较明显的关系之一,就是摄食类型和沉积物(粉砂至黏土)粒径之间的关系。相关性分析表明食悬浮物动物的分布丰度与底质粒径大小呈正相关关系,而食底泥动物的分布丰度与底质粒径大小呈负相关关系(方涛等,2006)。

溶解氧——特别是在大多数的具流动水流的水体中——基本上是饱和的,一般不会成为大型底栖动物的限制因子。但是当水体受到污染时,特别是遭受有机物污染的深水湖泊、水库等水体,在水体底部的溶解氧含量较低,对于生活在这种环境中的大型底栖动物,尤其是喜氧性的底栖动物,溶解氧含量则明显成为它们的主要限制因子之一(韩洁等,2001)。而有研究表明在长江口季节性低氧区内的大型底栖动物密度和生物量都远远高于调查的其他海域的平均值,特别是多毛类和棘皮动物,这说明季节性的缺氧并不会完全破坏水体底栖生物的生态系统,只是在一定程度上影响了大型底栖动物群落的种类组成(王延明等,2008)。

人类将产生的大量有机物质排放到自然界,因此有机物的研究越来越受到重视。氮和磷是水体富营养化的重要指标。水体中的总氮和总磷过高会导致一些大型底栖动物种类消失,一些耐污种的生物量却增加。研究表明,大型底栖动物群落的结构可以正确地反映水体的污染状况。研究还表明,水体的富营养化使生物种类数减少,导致生物多样性的明显下降,大型底栖动物的物种多样性与水体的富营养化水平呈负相关关系,而霍甫水丝蚓的密度与水体富营养化水平呈正相关关系(龚志军等,2001)。流溪河、珠江西航道和前航道3个河段氮、磷因子(NO_3^-、PO_4^{3-}、NO_2^-、NH_4^+)的含量存在差异。从而导致了大型底栖动物群落分布上的差异。大型底栖动物群落分布和氮、磷水质理化因子的相关性分析表明:大型底栖动物个体数量和整个河流的NO_3^-、NO_2^-呈负相关关系,和PO_4^{3-}、NH_4^+含量不相关(刘玉等,2003)。所以对氮、磷含量超标引起富营养化的水体必须进行治理,以防止水生生态系统中生物多样性的降低,甚至物种灭绝,提高水体的生态环境质量。

随着人类工业迅速发展,重金属离子的排放量增加。重金属离子不仅影响到大型底栖动物的生存环境,更为严重的是它威胁人类的生命健康。研究重金属离子对生物群落的影响尤为重要。杨丽等对深圳湾福田潮滩地区的大型底栖动物和重金属离子含量数据进行了分析,发现不同的大型底栖动物种类分布及数量变化与特定的重金属离子含量有关(杨丽等,2005)。几乎所有的大型底栖动物都能够被鸟类和居于水底的自游生物所食，人类也以水体中的某些底栖生物作为食物，如海产的贻贝、牡蛎等，淡水中的圆田螺、泥螺等。重金属离子沿着食物链在大型底栖动物体内富集，并通过食物链逐级传递，故极大威胁着水生生态系统的稳定乃至人类的健康。

2. 生物因子

影响水生生物群落的生物因子较多，但研究较多的主要包括3类：一是植被的影响；二是物种间的竞争和捕食关系；三是人为干扰。

植被不仅仅是生物资源，而且具有重要的生态功能。目前关于植被对大型底栖动物影响的研究主要集中在互花米草和红树林这两种类型的植被。其中，互花米草属于外来入侵种，适应能力很强，能改变大型底栖动物的群落结构。引入的互花米草与当地的植物芦苇相互竞争，从而改变生境结构，影响水文地质，进一步影响大型底栖动物群落结构的变化（谢志发，2007）。有研究表明：在互花米草入侵的初期，大型底栖动物的物种丰富度和多样性都比较低；互花米草成为当地的优势植物类群后，大型底栖动物的物种丰富度和多样性会升高（谢志发等，2008）。但是林秀春、任帅等人对莆田互花米草入侵区大型底栖动物群落的研究表明该区大型底栖动物的多样性、均匀度及丰度指数值均较低（林秀春等，2010）。仇乐等（2010）的研究显示：新生互花米草群落能够提高大型底栖动物的物种数量和丰富度，但是在形成成熟互花米草群落过程中，大型底栖动物的物种数和生物多样性又有下降趋势。故互花米草入侵后对大型底栖动物群落的影响还需进一步的研究。

对于动物物种相互之间的影响，在国内研究较少。许巧情等探讨过河蟹过度放养对湖泊底栖动物群落结构和功能的影响。结果表明：河蟹通过直接摄食底栖动物和破坏沉水植物，对大型底栖动物群落产生直接或间接的影响。在蟹苗放养强度约 1 kg/hm^2 的条件下，底栖动物的种类多样性明显下降，且密度和生产量减少 60% 以上，其中小型螺类所受影响最大（许巧情等，2003）。随着养殖业的发展，贝类养殖对环境的影响也日益受到重视。许多学者进行了贝类养殖对底栖动物群落影响的研究。大型底栖动物群落结构可能受贝类养殖时生物沉降的影响（Castel 等，1989；Kroncke，1996），生物沉降甚至会导致水体底质大面积的退化（Dahlback 等，1981）。生物沉降会影响水体中的有机物含量并破坏有机物的正常循环（Kaspar等，1985）。另外，贝类大规模过度养殖会限制养殖区域的水交换，使水体中的溶氧量降低，形成大量的生物沉淀，破坏大型底栖生物生活的环境，使其种群数量减少，甚至导致整个养殖区生态系统的结构和功能发生变化。

干扰是破坏生物区系和改变环境的不连续事件，包括废水排放，渔业活动，围垦、水电站的建造等水利水电工程，等等。人为干扰是造成大型底栖动物群落剧烈改变的重要原因之一。环境的变化会改变大型底栖动物群落的物种组成、密度以及生物多样性等。近几年许多学者开展利用大型动物群落的改变进行生态系统评价的工作，水利工程如围垦、修建堤坝对水生生态系统影响十分显著，这是因为生物群落会随着时间的推移产生次生演替，导致大型底栖动物种类组成、优势种和密度等发生改变，从而改变水生生态系统的结构和功能（Park等，2003）。长江三峡水库蓄水初期香溪河库湾大型底栖动物的现存量相对较低，但是随着蓄水时间的逐渐延长，大型底栖动物的现存量在逐渐增加，其中寡毛类的霍甫水丝蚓和摇蚊类的前突摇蚊幼虫等高耐污种逐渐发展成为本地区的优势种。由此可见，修建水库以及修建堤坝和水闸等水利工程都会影响大型底栖动物的群落结构，因为水利工程建成后会改变所在水体底层的光照、水域的水深、水生植被、沉积物的厚度以及其他理化因子（如温度、溶解氧），从而改变大型底栖动物的栖息环境，进而改变群落结构。另外，有研究认为，堤坝蓄水会影响到大型底栖动物群落多样性，但是经过生态恢复，大型底栖动物群落多样性仍然能够恢复到较高的水平。

城镇生活污水、工业污水以及化肥和农药的过度使用等都会增加水生生态系统中的污染物，如果长期的污染超过了水生生态系统自身的自净能力，那么就会对生态系统造成破坏，影响水体大型底栖动物的群落结构，同时会影响大型底栖动物的行为和生理功能。有人对污染程度不同的湖泊的大型底栖动物群落结构和物种多样性进行了研究，结果表明：大型底栖动物群落的物种多样性与湖泊受污染程度呈负相关关系。在污染程度不同的湖泊中，随着污染程度的加重，摇蚊幼虫和寡毛类等高耐污种逐渐增多，而各湖区的水生软体动物、寡毛类及摇蚊幼虫密度和生物量差异明显，湖泊水体的污染导致了大型底栖动物群落多样性的明显下降（熊金林等，2003；Gong，2001）。因此，有必要采取措施，减少排入水生生态系统中的污染物总量，避免对大型底栖动物以及水生生态系统造成不可修复的破坏。

四、水生生物水质评价

国家环保局《水生生物监测手册》中提到水体中的细菌、水生藻类、高等水生植物、浮游动物、大型底栖动物和鱼类等都可以用作生物指标，进行水质评价（国家环保局，1993）。大型底栖无脊椎动物用作生物指标，具有如下优良特点：物种种类较多，区域分布广泛；动物的个体较大，活动能力均较差，容易采集和辨认；生命周期长；对水体中不同的污染物敏感性较高；群落结构的变化易受外界环境的干扰，且这种变化的趋势经常可以被预测；通过在不同地区、不同生境的水域进行采集，容易获得比较多的具有代表性的指示生物和异质性物种；等等。大型底栖动物生命周期中的大部分时间生活于水体的底部，水体受到污染或人为干扰等因素的影响，可直接影响大型底栖动物生长、繁殖和存活的状况，因此进行大型底栖动物监测能确切地反映水体质量，评价水体受污染的程度（尤平等，2001）。目前，在水质生物评价中，大型底栖动物是应用广泛的生物类群之一。与其他水生生物相比，大型底栖生物具有独特优越性（Resh等，1995）。大型底栖动物水质评价的优、缺点见表 1-1-1。

表 1-1-1　大型底栖动物水质评价的优、缺点

	优点	缺点
1	分布广泛，易受到各种外界干扰的影响	要做到评价质量高，需采集大量样本，耗时耗力
2	物种多样性高，对干扰的反应敏感	对于一些干扰，如人类的致病病原体反应不敏感，不能测出具体的污染物种类及含量
3	许多种类活动能力极差，生活场所固定，因此可以对干扰后的影响进行空间分析	大型底栖动物的分布还受到其他多种因素如动物地理区、水中小生境、海拔等的影响。
4	有些种类生活周期较长，具有反映长期水质变化的能力	群落结构的季节性变化明显，对水质评价影响较大
5	目前已经具备完善的野外采样、数据分析和评价指数计算等一系列方法	有些大型底栖动物有漂流行为，会对监测数值产生干扰
6	许多类群易鉴定，鉴定资料相对完备	有些种类（如摇蚊类）鉴定较难

利用大型底栖动物进行水质评价，评价指标包括多样性指数（diversity index）、相似性指数（similarity index）和生物指数（biotic index）三大类。多样性指数是根据一般生物群落结构组成中物种的数目，或各个物种的个体数目在分配上有一定特点而设计出的一种数值指标（张丹等，2009）。常用的多样性指数有 Shannon-Wiener 指数、Simpson 指数、Margalef 指数和 Pielou 均匀度指数。相

似性指数是测定两个群落结构组成相似度大小的指数。最低百分比相似性指数和 Jaccard 指数是生态学上最常用，也是使用起来最简单的相似性指数。生物指数则是利用并不代表群落结构和组成的指示生物来反映水体的污染情况的指数（熊昀青，2000）。比较常用的生物指数有生物学污染指数、Goodnight-Whitley 指数、Goodnight 修订指数、Trent 生物指数、Gleason 指数、Beck 指数、Chandler 生物类群计分系统、科级水平生物指数等。近几年在我国大型底栖动物水质评价中，常用的评价指数见表 1-1-2。

表 1-1-2　常用的大型底栖动物水质评价指数

	指数名称	公式	评价标准
多样性指数	Shannon-Wiener 指数（H'）	$H'=-\sum P_i\ln P_i$ Pi 为某种个体数占总个体数之比	0 严重污染； $0 < H' \leqslant 1$ 重度污染； $1 < H' \leqslant 2$ 中度污染； $2 < H' \leqslant 3$ 轻度污染； $H' > 3$ 清洁
	Simpson 指数（I_S）	$I_S=N(N-1)/\sum n_i(n_i-1)$ N 为生物总个体数（个/m²）；n_i 为第 i 种生物的个体数（个/m²）	$I_S=0$ 严重污染； $0 < I_S \leqslant 0.5$ 重污染； $0.5 < I_S \leqslant 1.0$ 中度污染； $1.0 < I_S \leqslant 3.0$ 轻度污染； $I_S > 3.0$ 清洁
	Margalef 指数（d）	$d=(S-1)/\log_2 N$ S 为生物的种类数（个/m²）；N 为生物总个体数（个/m²）	$d=0$ 严重污染； $0 < d \leqslant 0.2$ 重度污染； $0.2 < d \leqslant 0.5$ 中度污染； $0.5 < d \leqslant 1.0$ 轻度污染； $d > 1.0$ 清洁
	Pielou 均匀度指数（E）	$E=H/\log_2 S$ H 为 Shannon-Wiener 指数；S 为生物种类数	$0.3 \geqslant E > 0$ 重度污染； $0.5 \geqslant E > 0.3$ 中度污染； $E > 0.5$ 清洁
生物指数	生物学污染指数（I_{BP}）	$I_{BP}=\lg(N_1+2)/[\lg(N_2+2)+\lg(N_3+2)]$ N_1 为寡毛类、蛭类和摇蚊幼虫个体数（个/m²）；N_2 为多毛类、甲壳类、除摇蚊幼虫以外的其他水生昆虫幼虫的个体数（个/m²）；N_3 为软体类个体数（个/m²）	$I_{BP} > 5$ 重度污染； $1.5 \leqslant I_{BP} \leqslant 5$ 重中度污染； $0.5 \leqslant I_{BP} < 1.5$ 轻中度污染； $0.1 \leqslant I_{BP} < 0.5$ 轻度污染； $I_{BP} < 0.1$ 清洁
	Goodnight-Whitley 指数（I_G）	$I_G=$（颤蚓类个体数/底栖动物个体总数）×100%	$I_G > 80\%$ 严重污染； $60\% \leqslant I_G \leqslant 80\%$ 中度污染； $I_G < 60\%$ 轻度污染
	Goodnight 修订指数（I_{GB}）	$I_{GB}=(N-L)/N$ N 为生物个体总数；L 为寡毛类个体总数	$0.2 \geqslant I_{GB} > 0$ 重度污染； $0.4 \geqslant I_{GB} > 0.2$ 中度污染； $1 \geqslant I_{GB} > 0.4$ 清洁至轻度污染

	指数名称	公式	评价标准
生物指数	Trent 生物指数（I_{TB}）		$I_{TB}=0$ 严重污染； $I_{TB}=1 \sim 2$ 重度污染； $I_{TB}=3 \sim 5$ 中度污染； $I_{TB}=6 \sim 8$ 轻度污染； $I_{TB} > 8$ 清洁
	Chandler 生物类群计分系统（I_{CB}）		$I_{CB}=0$ 严重污染； $0 < I_{CB} < 45$ 重度污染； $45 \leqslant I_{CB} \leqslant 300$ 中度污染； $I_{CB} > 300$ 轻度污染
	科级水平生物指数（I_{FB}）	$I_{FB}=\sum_{i=1}^{F} n_i t_i / N$ n_i 为第 i 科的个体数；t_i 为第 i 科的耐污值；N 为各科个体总和；F 为科数	$7.25 < I_{FB} \leqslant 10.00$ 严重污染； $6.50 < I_{FB} \leqslant 7.25$ 中度污染； $5.75 < I_{FB} \leqslant 6.50$ 轻度污染； $5.00 < I_{FB} \leqslant 5.75$ 一般； $4.25 < I_{FB} \leqslant 5.00$ 清洁； $3.75 < I_{FB} \leqslant 4.25$ 很清洁； $0.00 < I_{FB} \leqslant 3.75$ 极清洁
	生物指数（I_B）	$I_B=\sum_{i=1}^{S} n_i a_i / N$ n_i 为第 i 分类单元（属或种）的个体数；a_i 为第 i 分类单元（属或种）的耐污值；N 为各分类单元（属或种）的个体总和；S 为种类数	$8.50 < I_B \leqslant 10.00$ 严重污染； $7.50 < I_B \leqslant 8.50$ 中度污染； $6.50 < I_B \leqslant 7.50$ 轻度污染； $5.50 < I_B \leqslant 6.50$ 一般； $4.50 < I_B \leqslant 5.50$ 清洁； $3.50 < I_B \leqslant 4.50$ 很清洁； $0.00 < I_B \leqslant 3.50$ 极清洁

生物多样性指数以最基本的分类单元作为基础，适用范围最广，适用于各种不同的水体（徐希莲，2001）。张建波等（2002）采用 Shannon-Wiener 指数对洞庭湖水质进行评价，结果显示洞庭湖整体水质受到轻度污染。王丽珍等（2007）选用 Simpson 指数和 Shannon-Wiener 指数评价滇池水质，结果表明生物多样性指数能够较好地反映出滇池的水质，滇池全湖受到中度污染。王新华等（2006）对天津市团泊水库进行大型底栖动物调查研究，应用 Shannon-Wiener 指数进行水质评价，结果表明团泊水库水质处于中度到重度污染状态，平均处于中度污染状态。生物指数不仅考虑群落物种的个体数，而且加入了虫体的耐污能力的差异性分析，因此与生物多样性指数相比，提高了水质评价结果的准确性（王备新，2003）。刘茂奇等（2009）通过采用生物学污染指数和 Chandler 生物类群计分系统，对大型底栖动物对安邦河湿地自然保护区调查区域水质状况的指示作用进行了分析，结

果显示此湿地已处于中度营养化水平,并且有向富营养化转变的趋势。采用多样性指数(Margalef 指数、Shannon-Wiener 指数、Simpson 指数)和生物指数(生物学污染指数、Goodnight-Whitley 指数等)进行水质评价的较多,而运用相似性指数的则较少。多样性指数评价仍然是我国研究者比较热衷的水质评价方法之一。

随着研究的深入,各种水质评价的方法得到不断修正和完善,新的评价方法也不断建立。例如,针对单项生物指数评价水质的缺点(片面性和不确定性),张光贵(2000)提出了运用综合生物指数法评价水质的策略,该实验结果表明:综合各种生物指数评价的结果,能够对某一水体的水质做出较明确的评价结论,且此结论与理化监测结果吻合。再如,大型底栖动物污染指数是用于海洋生物监测的指数,此指数的优点是实现了抗生物素蛋白-生物素-过氧化物酶复合物法(ABC 法)的数字化,而且反应灵敏度提高,水质评价的结果比单纯的生物多样性指数与实际监测情况吻合度更高。耐污值是生物指数的重要参数,不同地区或生态区的大型底栖动物耐污值不尽相同,势必影响评价结果。王备新等(2004)确定了适合我国大型底栖动物的主要分类单元耐污值,并建立了适合我国的生物指数分级标准。

五、本研究的意义

河流生态系统是地球上较为复杂的生态系统之一,它触及自然环境所有部分,且与各方面的人类活动存在直接或间接的联系(陈宏文等,2011)。小清河是山东省一条重要的省级河流。小清河始发于济南西部的睦里庄,至潍坊寿光羊角沟注入莱州湾,是一条具有泄洪、航运、灌溉、养殖等多种功能的河道。近年来,随着工业生产的发展,大量工业废水和生活污水直接排入河中,致使小清河水质急剧下降。

新环保法和《水污染防治行动计划》("水十条")均明确规定,未达到水质目标要求的地区要制定达标方案,明确防治措施及达标时限。2015 年山东省控河流断面水质改善目标具体确定为"化学需氧量不超过 40 mg/L、氨氮不超过 2 mg/L"[参见《关于明确 2015 年省控河流断面改善目标的函》(鲁环办函〔2015〕22 号)]。济南市 4 条省控河流中徒骇河、漯河、章齐沟 3 条河流出境断面主要污染物、化学需氧量、氨氮经努力可达到目标要求,小清河济南段出境断面化学需氧量能确保达到目标要求,但受生活污水直排影响,氨氮达不到 2 mg/L

要求。

为此,济南市政府高度重视小清河水质达标工作,要求落实小清河生态补水措施,并建立小清河生态补水模型,合理计算调水时机和调水水量,明确补水标准、要求。小清河生态补水模型的研究还对改善小清河水环境生态状况、恢复景观河道功能以及合理配置水资源具有重要意义。

生物群落组成的改善与恢复是水质改善后追求的目标。以小清河生态补水模型为理论依据,完成了生态补水工程后,小清河水生生物多样性调查研究启动。本次调查研究对了解小清河补水初期水生生物的群落结构和组成、补水后水生生物群落的变化有重要意义,为小清河生态补水、水质改善等各方关切的重要工程提供生物学数据支持。

第二章　研究区域概况与研究方法

一、研究区域概况

小清河济南段流经槐荫、天桥、历城、章丘四区（市），济南境内全长约 70 km，流域面积 2 792 km²。2007 年小清河自西起睦里庄、东至济青高速公路桥下改造后，河道由 30 m 拓宽为 70～100 m。流域内地势南高北低，以胶济铁路为界，南部多为山丘区，北部多为平原洼地。干流以南流域面积较大，支流众多，呈典型的单侧梳齿状水系分布。小清河在济南段的主要支流多在南岸，为山洪及泉水河道；北岸支流很少，且较小，均为平原坡水排涝河道。

小清河济南段重要断面有 3 个，分别是睦里庄、洪园闸和辛丰庄。睦里庄为源头断面，洪园闸为市区生活污水出市区控制断面，辛丰庄为小清河济南段出境断面。自睦里庄到洪园闸，小清河来水包括源头水（玉清湖渗水）、泉水和生活污水，其中生活污水含量最高。自洪园闸至辛丰庄，小清河来水包括工业污水、生活污水，在该段还存在农灌取水。

二、样点的设置

依据小清河源头，泉水、支流、排污沟、污水处理厂、中水站、工业污染源等的分布，排放流量，排放浓度，排放位置等信息，选取小清河源头睦里庄、还乡店、G35 高速窄口、大码头、鸭旺口、辛丰庄 6 个样点。

三、样品采集及指标测定方法

总体上，浮游动物、浮游植物、大型底栖动物、鱼虾类采用形态分类鉴定和 DNA 条形码（DNA barcode）鉴定的方法；微生物采用高通量测序、与数据库比对鉴定的方法，即宏条形码（metabarcode）的方法。各类水生生物的物种鉴定方法见图 1-2-1。

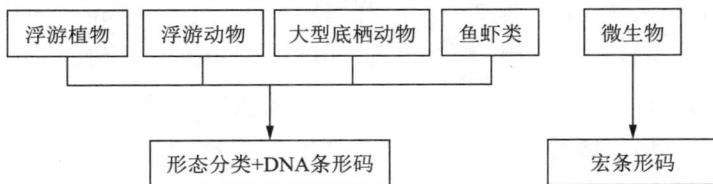

图 1-2-1　各类水生生物的物种鉴定方法

1.采集工具及试剂

采样点生境及采集数据记录表。表中包含样点名称、地理坐标、采集时间(具体到小时)、天气、气温、水温、水体透明度、水体颜色、水体气味、水面漂浮污染物、常规沉积环境(沉积物气味、油污、颜色状态)、周围环境(人类活动等),还应包含水生生物采集过程中需要记录的其他数据:定量采集时采集水体的总体积和底泥的总体积。表中设备注意记录意外情况。

浮游生物采集器具:竖式有机玻璃采水器、25 号浮游生物网、13 号浮游生物网、100 mL 标本瓶等。

大型底栖动物采集器具:彼得逊采泥器、D 形抄网、40 目分样筛、水桶、1 000 mL 试剂瓶、250 mL 广口瓶、指形管、记录本、塑料袋、小镊子等。

鱼类采集器具:地笼、水桶、量尺、台秤等。

微生物采集器具:有机玻璃采水器、彼得逊采泥器、1 000 mL 试剂瓶、250 mL 无菌广口瓶、冻存管、记录本。

根据监测项目要求,准备不同种类与容积的取样器具、固定剂及封口材料,还应该准备工作地图、记号笔、GPS 仪、标签、采样记录表、相机等。

2.采集流程

2015 年 10 月、2016 年 4 月、2016 年 8 月、2016 年 11 月对小清河济南段的浮游植物、浮游动物、大型底栖动物和鱼类进行采样。依据 GPS 定位样点。

浮游生物和大型底栖动物两组选择邻近但互不影响的水域同时作业。两组均按照先定量采集再定性采集的顺序进行。由专人进行鱼类采集。

3.采集方法

(1)浮游植物采集。

定量采集:使用竖式有机玻璃采水器定量采集 1 L 水样。水深＜2 m 时,在表层下 0.5 m 处采集;水深为 2 ～ 5 m 时,分别在表层下 0.5 m 处、底层上 0.5 m 处各采集 1 次;水深 > 5 m 时,则在表层下 0.5 m 处、中层以及底层上 0.5 m 处各采集 1 次。将样品收入标本瓶,加质量分数为 1% 的鲁氏碘液固定。

定性采集:使用 25 号浮游生物网在采样点水面下 0.5 m 深处以 20 ～ 30 cm/s 的速度做"八"字形循环缓慢拖动,拖动至少 5 min。将样品收入标本瓶,加质量分数为 1% 的鲁氏碘液固定。

(2)浮游动物采集。

定量采集:使用竖式有机玻璃采水器定量采集不同水层浮游动物。对于小型浮游动物,采集水样 1 L;对于大型浮游动物,采集水样 20 L。加体积分数为 5% 的甲醛溶液固定。

定性采集:用 13 号浮游生物网从表层至底层左右大范围持续捞取 5 min。将样品收入标本瓶,加体积分数为 5% 的甲醛溶液固定。

(3)大型底栖动物采集。

抓取法定量采集:使用彼得逊采泥器每个采样点采样 2 ～ 3 斗,经 40 目分样筛筛去污泥浊水后,拣出大型底栖动物,放入装有体积分数为 30% 的酒精的广口瓶中,带回实验室。

手抄网法定性采集:迎水站立,深水可以采用"弓"字采法,使用 D 形抄网于每个采样点采集几次。将采集的泥样经 40 目分样筛筛去污泥浊水后,拣出大型底栖动物,放入装有体积分数为 30% 的酒精的广口瓶中,带回实验室。

以体色作为重要鉴别特征的虾、蟹等动物,应该先拍照留存,再固定保存。将较硬的甲壳动物等与身体较软的动物如水栖寡毛类,蛭类,水生昆虫的幼虫、稚虫等分开盛放。个体较小的种类放入指形管中。为防止身体较软的动物断体、脱水、收缩,现场加入体积分数为 30% 的酒精固定。

挑拣完后,将所得到底栖动物进行计数、称重,并进行种类鉴定。每个采样点所得的大型底栖动物应按种类准确地统计个体数。在标本损坏的情况下,统计原则是只统计头部,不统计零散的腹部和附肢等。称重时,先吸干样品表面的水分,再用电子天平称重。在体视显微镜和生物显微镜下对大型底栖动物进行鉴定分类。

(4)鱼类采集。

地笼捕鱼法:下地笼 24 h 后采集。

野外采集到鱼样后,尽快处理和保存。鱼类样品要新鲜,体形完整,固定前要详细观察记录鱼体各部分的颜色,同时拍照留存。如果当天分析,冷冻保存即可,否则须加入 3 g 硼砂和体积分数为 10% 的甲醛溶液。体长超过 7.5 cm 的鱼,要向其体内注射甲醛溶液,然后浸入体积分数为 10% 的甲醛溶液中固定。

（5）微生物采集。

底泥微生物采集:使用彼得逊采泥器采集底泥。每个采样点采泥 3 ～ 4 次,每次取出泥样 100 g,分装到 3 ～ 4 只冻存管中,低温避光保存,尽快转入实验室内进一步处理。

水体微生物采集:水样采用 1 L 竖式有机玻璃采水器采集,低温避光保存在无菌广口瓶中,尽快转入实验室内处理。

四、样品分离和鉴定方法

将上述采得的样品带回实验室内进行分拣。将样品倒入 40 目不锈钢分样筛内过滤,用自来水冲洗,直至污泥完全洗净,然后将渣滓倒入白色解剖盘内,加入清水,分拣出所有底栖动物。因为有些采样点是草质性的底质,淤泥中掺杂大量的枯枝烂叶,所以还要将腐殖质放在体视显微镜下进行挑拣。挑拣完后,将所得底栖动物进行计数。每个采样点所得的大型底栖动物应按种类准确地统计个体数。在标本损坏的情况下,统计原则是只统计头部,不统计零散的腹部和附肢等。在体视显微镜和生物显微镜下对大型底栖动物进行鉴定分类。鉴定完后,底栖动物样品用体积分数为 75% 的酒精保存。微生物分析用的水样于 24 h 内经 0.22 μm 醋酸纤维滤膜过滤,富集得到的微生物样品保存在 -80 ℃ 超低温冰箱。泥样直接保存到 -80 ℃ 超低温冰箱。

五、数据处理方法

1. 多样性指数

区别不同群落的第一个特征就是群落是由哪些生物构成的,而反映群落中物种的丰富度和异质性的综合指标是多样性指数。常用的多样性指数有 Margalef 指数、Shannon-Wiener 指数、Pielou 均匀度指数和 Simpson 指数等(表 1-1-2)。

2. 群落相似性指数

在群落生态学研究中,为更确切地对群落进行分类,常常比较任意两个部分之间的相似程度。Jaccard 指数计算公式为

$$S=2c/(a+b) \tag{1-2-1}$$

式中,S 为两个群落的相似性指数,c 为两个群落共有的物种数,a、b 分别为两个群落的物种数。

数据统计分析采用 Excel 2010 和 SPSS 16.0 软件,实验结果的各项数据为相应实测值的算术平均值(除非有特殊说明)。

3. 生物学污染指数

生物学污染指数是一种对群落结构的简化反映,广泛应用在水体的环境质量监测和水质评价中。

本书应用 Shannon-Wiener 指数(H')和生物学污染指数(I_{BP})进行水质评价,并进行比较。

第三章 水生生物群落现状与分析

一、种类组成与数量分布

水生生物群落种类组成及数量分布调查结果见表 1-3-1 至表 1-3-4。结果显示，本次调查共获得各类水生生物 74 种，其中浮游动物、底栖动物和鱼类个体数共 24 842 个（2015 年 10 月：11 716 个，2016 年 4 月：4 169 个，2016 年 8 月：1 296 个，2016 年 11 月：7 661 个）。所获浮游植物分别隶属于蓝藻门、硅藻门、隐藻门、甲藻门和绿藻门，浮游动物分别隶属于溞科和剑水蚤科，大型底栖动物分别隶属于腔肠动物门、软体动物门、环节动物门、节肢动物门和扁形动物门，鱼类分别隶属于鲤科、虾虎鱼科、塘鳢科、乌鳢科、丝足鲈科、鳅科、鮡科、合鳃鱼科。虾类种类较少，分别隶属于长臂虾科、匙指虾科和螯虾科，其中螯虾科的克氏原螯虾为外来归化物种。另采集到巴西龟 1 只。

环节动物门寡毛类（水丝蚓属和尾鳃蚓属）占捕获总量的比例最大，在 2015 年 10 月、2016 年 4 月、2016 年 8 月和 2016 年 11 月的比例分别为 91.7%、88.6%、24.3%、94.3%，尤其在冬季和春季的比例极高。如此高比例的主要贡献样点是 G35 高速窄口、大码头和鸭旺口。由此可见寡毛类是 G35 高速窄口、大码头和鸭旺口水生动物群落的优势类群，构成了本地区大型底栖动物的主体，其中水丝蚓属又是优势类群中的优势属。其他类群如软体动物、甲壳动物等，所占比例都很小。

各样点的优势种群不尽相同。睦里庄样点的浮游生物、底栖动物和鱼类的种类丰富，数量较大。小球藻属、小环藻属、团藻类属、舟形藻属等种类的数量大，在各个样点的比例都较高。这些类群在睦里庄地区的种类数比在其他样点高。在各个样点发现最多的两种浮游动物是大型溞 *Daphnia magna* 和锯齿真剑水蚤 *Eucyclops macruroides denticulatus*，但是这两种在上游的数量较少，在还乡店至辛丰庄河段的数量较大，尤其 G35 高速窄口、大码头和鸭旺口数量最大。浮游动物种群数量在点位分布的差异性比浮游植物明显，值得深入研究。底栖动物中，除了寡毛类外,软体动物腹足纲的数量占绝对优势。

还乡店和 G35 高速窄口样点发现重要病原生物的中间寄主尖膀胱螺 *Physa acuta*。尖膀胱螺隶属于软体动物门腹足纲肺螺亚纲基眼目膀胱螺科膀胱螺属,在我国系外来入侵种,也是广州管圆线虫 *Angiostrongylus cantonensis* 和卷棘口吸虫 *Echinostoma revolutum* 的中间寄主,这两种寄生虫能够引起人畜共患的多种疾病。

各个样点水生生物的群落结构具有明显的季节变化规律,见表 1-3-1 至表 1-3-12,主要表现在种类组成和数量分布上。浮游植物在种类和数量上存在明显的季节变化。浮游动物种类始终较少,但是数量变化极大,其中以春季剑水蚤初孵幼体数量最大。大型底栖动物,除摇蚊幼虫在底泥中越冬,春季大量羽化,在水体中的数量变化较大外,群落结构相对稳定,尤其以软体动物门的群落结构最稳定。鱼类中,鳏鲏亚科的季节变化十分明显。睦里庄鳏鲏亚科生物量很大,春季大量幼鱼孵化,夏季基本性成熟,冬季数量依然保持相对稳定。除还乡店外,随着调查的深入,不断有新的鱼种被发现。小清河的鱼类群落多样性调查非常值得进一步深入开展。

图 1-3-1、图 1-3-2 分别是沉积物和水中微生物群落结构监测结果。沉积物微生物群落结构比水中微生物群落结构多样,且差异化明显。所有样点共检测到 2 096 个分类操作单元(operational taxonomic unit, OTU),可近似看作物种,成功注释 1 197 种。这些微生物隶属于 684 属 354 科 191 目 96 纲 49 门。根据微生物的现有资料,发现 6 种与硝化、反硝化作用直接相关微生物。这些微生物在水体中的丰度极低,集中分布于沉积物中。宏基因组学研究将为发现更多硝化、反硝化和氨氧化细菌提供更高效、可靠的技术支持,从而指导后续微生物筛选和分离培养研究。

表 1-3-1　2015 年 10 月各样点水生生物群落种类组成及数量分布

种类		分类地位	在各样点的数量					
			睦里庄	还乡店	G35 高速窄口	大码头	鸭旺口	辛丰庄
浮游植物	简单舟形藻 *Navicula simplex*	硅藻门	10 个/L	0 个/L	1 个/L	3 个/L	1 个/L	2 个/L
	长圆舟形藻 *Navicula oblonga*	硅藻门	5 个/L	0 个/L	1 个/L	0 个/L	1 个/L	1 个/L
	直链藻属 *Melosira* sp.	硅藻门	+	-	-	-	-	-
浮游动物	大型溞 *Daphnia magna*	溞科	1 个/L	1 个/L	2 个/L	3 个/L	1 个/L	0 个/L
	锯齿真剑水蚤 *Eucyclops macruroides denticulatus*	剑水蚤科	1 个/L	12 个/L	14 个/L	17 个/L	15 个/L	3 个/L

续表

种类	分类地位	在各样点的数量					
		睦里庄	还乡店	G35高速窄口	大码头	鸭旺口	辛丰庄
底栖动物							
绿水螅 *Chlorohydra* sp.	水螅科	0	1个/0.062 5 m²	3个/0.062 5 m²	2个/0.062 5 m²	2个/0.062 5 m²	0
中国圆田螺 *Cipangopaludina chinensis*	田螺科	171个/0.062 5 m²	3个/0.062 5 m²	5个/0.062 5 m²	0	0	78个/0.062 5 m²
方格短沟蜷 *Semisulcospira cancellata*	黑螺科	10个/0.062 5 m²	0	0	0	0	2个/0.062 5 m²
光滑狭口螺 *Stenothyra glabra*	螺科	4个/0.062 5 m²	0	0	0	0	0
折叠萝卜螺 *Radix plicatula*	椎实螺科	1个/0.062 5 m²	3个/0.062 5 m²	0	0	3个/0.062 5 m²	0
椭圆萝卜螺 *Radix swinhoei*	椎实螺科	1个/0.062 5 m²	0	0	0	0	0
萝卜螺属 *Radix* sp.	椎实螺科	1个/0.062 5 m²	0	0	2个/0.062 5 m²	0	0
尖膀胱螺 *Physa acuta*	膀胱螺科	0	19个/0.062 5 m²	4个/0.062 5 m²	0	0	0
大脐圆扁螺 *Hippeutis umbilicalis*	扁卷螺科	1个/0.062 5 m²	0	0	0	0	0
尖口圆扁螺 *Hippeutis cantori*	扁卷螺科	0	0	2个/0.062 5 m²	1个/0.062 5 m²	0	0
河蚬 *Corbicula fluminea*	蚬科	0	0	0	0	0	0
淡水壳菜 *Limnoperna lacustris*	贻贝科	57个/0.062 5 m²	0	0	0	0	0

种类		分类地位	在各样点的数量					
			睦里庄	还乡店	G35 高速窄口	大码头	鸭旺口	辛丰庄
底栖动物	水丝蚓属 *Limnodrilus* sp.	颤蚓科	43 个/0.062 5 m²	4 个/0.062 5 m²	3 200 个/0.062 5 m²	3 620 个/0.062 5 m²	420 个/0.062 5 m²	50 个/0.062 5 m²
	尾鳃蚓属 *Branchiura* sp.	颤蚓科	14 个/0.062 5 m²	0	810 个/0.062 5 m²	542 个/0.062 5 m²	1 950 个/0.062 5 m²	18 个/0.062 5 m²
	环节动物	环节动物门	0	0	0	0	0	4 个/0.062 5 m²
	吸虫	扁形动物门	0	0	17 个/0.062 5 m²	0	1 个/0.062 5 m²	1 个/0.062 5 m²
	摇蚊幼虫	摇蚊科	1 个/0.062 5 m²	147 个/0.062 5 m²	5 个/0.062 5 m²	14 个/0.062 5 m²	0	9 个/0.062 5 m²
	双翅目幼虫	双翅目	0	0	0	2 个/0.062 5 m²	0	0
鱼类	短须鱊 *Acheilognathus barbatulus*	鲤科	20 尾	0	0	0	0	0
	中华鳑鲏 *Rhodeus sinensis*	鲤科	274 尾	0	0	0	0	0

注:"+"表示少量,比例小于 20%;"++"表示略多,比例为 20%～40%;"-"表示无。

表 1-3-2　2016 年 4 月各样点水生生物群落种类组成及数量分布

种类		分类地位	在各样点的数量					
			睦里庄	还乡店	G35 高速窄口	大码头	鸭旺口	辛丰庄
浮游植物	螺旋藻 *Spirulina* sp.	蓝藻门	+	-				
	颤藻 *Oscillatoria* sp.	蓝藻门	+	+	++	+	-	-
	尖头藻属 *Raphidiopsis* sp.	蓝藻门	3 个/L	0	0	1 个/L	0	2 个/L
	席藻属 *Phormidium* sp.	蓝藻门	4 个/L	0	0	0	0	1 个/L
	直链藻属 *Melosira* sp.	硅藻门	+		-			
	小环藻属 *Cyclotella* sp.	硅藻门	247 个/L	12 个/L	13 个/L	11 个/L	35 个/L	25 个/L
	冠盘藻属 *Stephanodiscus* sp.	硅藻门	1 个/L	0	2 个/L	5 个/L	10 个/L	15 个/L

种类		分类地位	在各样点的数量					
			睦里庄	还乡店	G35高速窄口	大码头	鸭旺口	辛丰庄
浮游植物	卵形藻属 *Cocconeis* sp.	硅藻门	13个/L	0	4个/L	3个/L	15个/L	5个/L
	辐节藻属 *Stauroneis* sp.	硅藻门	11个/L	0	0	0	13个/L	0
	简单舟形藻 *Navicula simplex*	硅藻门	136个/L	0	15个/L	10个/L	16个/L	11个/L
	长圆舟形藻 *Navicula oblonga*	硅藻门	122个/L	3个/L	0	9个/L	16个/L	16个/L
	羽纹藻属 *Pinnularia* sp.	硅藻门	12个/L	2个/L	0	0	5个/L	0
	双菱藻属 *Surirella* sp.	硅藻门	8个/L	0	1个/L	0	3个/L	0
	蓝隐藻属 *Chroomonas* sp.	隐藻门	1个/L	0	0	1个/L	0	0
	多甲藻属 *Peridinium* sp.	甲藻门	2个/L	0	0	0	7个/L	0
	小球藻 *Chlorella vulgaris*	绿藻门	357个/L	1个/L	12个/L	14个/L	56个/L	45个/L
	衣藻属 *Chlamydomonas* sp.	绿藻门	237个/L	2个/L	13个/L	10个/L	9个/L	7个/L
	四鞭藻属 *Carteria* sp.	绿藻门	143个/L	4个/L	5个/L	2个/L	12个/L	3个/L
	叶衣藻属 *Lobomonas* sp.	绿藻门	78个/L	0	5个/L	4个/L	11个/L	7个/L
	盘藻属 *Gonium* sp.	绿藻门	23个/L	0	4个/L	3个/L	6个/L	4个/L
	实球藻属 *Pandorina* sp.	绿藻门	2个/L	0	0	0	3个/L	0
	团藻属 *Volvox* sp.	绿藻门	346个/L	0	23个/L	21个/L	34个/L	16个/L
	四包藻属 *Tetraspora* sp.	绿藻门	33个/L	0	3个/L	9个/L	5个/L	3个/L
	四角藻属 *Tetraedron* sp.	绿藻门	1个/L	0	0	0	0	0
	小型月牙藻 *Selenastrum minutum*	绿藻门	389个/L	2个/L	17个/L	21个/L	29个/L	4个/L
	斜生栅藻 *Scenedesmus obliquus*	绿藻门	265个/L	1个/L	18个/L	20个/L	37个/L	13个/L
	二形栅藻 *Scenedesmus dimorphus*	绿藻门	138个/L	0	0	0	11个/L	0
	四尾栅藻 *Scenedesmus quadricauda*	绿藻门	26个/L	0	2个/L	3个/L	5个/L	5个/L
	丝藻属 *Ulothrix* sp.	绿藻门	+	–	–	–	–	–
浮游动物	大型溞 *Daphnia magna*	溞科	12个/L	5个/L	10个/L	6个/L	3个/L	4个/L
	锯齿真剑水蚤 *Eucyclops macruroides denticulatus*	剑水蚤科	46个/L	124个/L	137个/L	195个/L	178个/L	127个/L

种类	分类地位	在各样点的数量					
		睦里庄	还乡店	G35 高速窄口	大码头	鸭旺口	辛丰庄
中国圆田螺 *Cipangopaludina chinensis*	田螺科	77 个/0.062 5 m²	2 个/0.062 5 m²	0	0	0	7 个/0.062 5 m²
方格短沟蜷 *Semisulcospira cancellata*	黑螺科	25 个/0.062 5 m²	0	0	0	0	0
光滑狭口螺 *Stenothyra glabra*	螺科	2 个/0.062 5 m²	0	0	0	0	0
折叠萝卜螺 *Radix plicatula*	椎实螺科	0	0	0	0	0	0
小土蜗 *Galba pervia*	椎实螺科	1 个/0.062 5 m²	1 个/0.062 5 m²	0	0	0	0
尖膀胱螺 *Physa acuta*	膀胱螺科	0	8 个/0.062 5 m²	4 个/0.062 5 m²	0	0	0
尖口圆扁螺 *Hippeutis cantori*	扁卷螺科	0	1 个/0.062 5 m²	0	0	0	0
凸旋螺 *Gyraulus convexiusculus*	扁卷螺科	9 个/0.062 5 m²	0	0	0	0	0
圆顶珠蚌 *Unio douglasiae*	蚌科	4 个/0.062 5 m²	0	0	0	0	0
河蚬 *Corbicula fluminea*	蚬科	16 个/0.062 5 m²	0	0	0	0	0
淡水壳菜 *Limnoperna lacustris*	贻贝科	34 个/0.062 5 m²	0	0	0	0	0
水丝蚓属 *Limnodrilus* sp.	颤蚓科	0	0	1 808 个/0.062 5 m²	540 个/0.062 5 m²	736 个/0.062 5 m²	23 个/0.062 5 m²

底栖动物

续表

种类		分类地位	在各样点的数量					
			睦里庄	还乡店	G35 高速窄口	大码头	鸭旺口	辛丰庄
底栖动物	尾鳃蚓属 *Branchiura* sp.	颤蚓科	0	0	112 个/0.062 5 m²	300 个/0.062 5 m²	104 个/0.062 5 m²	72 个/0.062 5 m²
	刀突摇蚊属 *Psectrocladius* sp.	摇蚊科	0	0	5 个/0.062 5 m²	4 个/0.062 5 m²	6 个/0.062 5 m²	2 个/0.062 5 m²
鱼类	中华鳑鲏 *Rhodeus sinensis*	鲤科	21 尾	0	0	0	6 尾	0
	济南鳑鲏 *Rhodeus notatus*	鲤科	4 尾	0	0		0	0
	粗纹暗色鳑鲏 *Rhodeus suigensis*	鲤科	3 尾	0	0	0	0	0
	兴凯鱊 *Acheilognathus chankaensis*	鲤科	2 尾	0	0	0	0	0
	鲫 *Carassius auratus auratus*	鲤科	2 尾	0	0	0	0	0
	麦穗鱼 *Pseudorasbora parva*	鲤科	57 尾	0	2 尾	0	0	0
	棒花鱼 *Abbottina rivularis*	鲤科	1 尾	0	0	0	1 尾	0
	黑鳍鳈 *Sarcocheilichihys nigripinnis nigripinnis*	鲤科	2 尾	0	0	0	0	0
	鳘条 *Hemiculter leucisculus*	鲤科	1 尾	0	0	0	0	0
	子陵栉虾虎鱼 *Ctenogobius giurinus*	虾虎鱼科	3 尾	0	0	0	0	0
	波氏栉虾虎鱼 *Ctenogobius cliffordpopei*	虾虎鱼科	1 尾	0	0	0	0	0
	黄黝 *Hypseleotris swinhonis*	塘鳢科	1 尾	0	0	1 尾	1 尾	0
	乌鳢 *Channa argus*	乌鳢科	0	0	1 尾	2 尾	0	0
	圆尾斗鱼 *Macropodus chinensis*	丝足鲈科	1 尾	0	0	1 尾	0	0
	泥鳅 *Misgurnus anguillicaudatus*	鳅科	1 尾	0	20 尾	10 尾	3 尾	0
	大鳞副泥鳅 *Paramisgurnus dabryanus*	鳅科	0	0	11 尾	2 尾	0	10 尾
	中华花鳅 *Cobitis sinensis*	鳅科	2 尾	0	0	2 尾	0	1 尾
虾类	日本沼虾 *Macrobrachium nipponense*	沼虾科	2 尾	0	0	0	0	0

续表

种类		分类地位	在各样点的数量					
			睦里庄	还乡店	G35 高速窄口	大码头	鸭旺口	辛丰庄
虾类	异足新米虾 *Neocaridina heteropoda heteropoda*	匙指虾科	1 尾	0	0	0	0	0

注:"+"表示少量,比例小于 20%;"++"表示略多,比例为 20% ~ 40%;"-"表示无。

表 1-3-3　2016 年 8 月各样点水生生物群落种类组成及数量分布

种类		分类地位	在各样点的数量					
			睦里庄	还乡店	G35 高速窄口	大码头	鸭旺口	辛丰庄
浮游植物	螺旋藻 *Spirulina* sp.	蓝藻门	+	-	+	+	+	+
	颤藻 *Oscillatoria* sp.	蓝藻门	+	+	++	+	-	-
	席藻属 *Phormidium* sp.	蓝藻门	0	0	0	0	0	0
	直链藻属 *Melosira* sp.	硅藻门	+	-	-	-	-	-
	小环藻属 *Cyclotella* sp.	硅藻门	104 个/L	2 个/L	10 个/L	9 个/L	23 个/L	3 个/L
	冠盘藻属 *Stephanodiscus* sp.	硅藻门	0	0	2 个/L	6 个/L	9 个/L	9 个/L
	卵形藻属 *Cocconeis* sp.	硅藻门	11 个/L	0	0	2 个/L	12 个/L	12 个/L
	辐节藻属 *Stauroneis* sp.	硅藻门	23 个/L	0	0	6 个/L	5 个/L	0
	简单舟形藻 *Navicula simplex*	硅藻门	124 个/L	0	11 个/L	3 个/L	7 个/L	12 个/L
	长圆舟形藻 *Navicula oblonga*	硅藻门	128 个/L	5 个/L	0	0	3 个/L	34 个/L
	羽纹藻属 *Pinnularia* sp.	硅藻门	0	8 个/L	0	0	0	0
	双菱藻属 *Surirella* sp.	硅藻门	0	0	1 个/L	0	0	0
	蓝隐藻属 *Chroomonas* sp.	隐藻门	2 个/L	0	0	1 个/L	0	0
	多甲藻属 *Peridinium* sp.	甲藻门	3 个/L	0	0	0	7 个/L	0
	小球藻 *Chlorella vulgaris*	绿藻门	453 个/L	0	23 个/L	11 个/L	12 个/L	12 个/L
	衣藻属 *Chlamydomonas* sp.	绿藻门	256 个/L	0	12 个/L	23 个/L	23 个/L	9 个/L
	四鞭藻属 *Carteria* sp.	绿藻门	121 个/L	0	9 个/L	0	11 个/L	0
	叶衣藻属 *Lobomonas* sp.	绿藻门	87 个/L	0	2 个/L	0	11 个/L	0
	盘藻属 *Gonium* sp.	绿藻门	12 个/L	0	6 个/L	0	9 个/L	0
	实球藻属 *Pandorina* sp.	绿藻门	0	0	0	0	3 个/L	0
	团藻属 *Volvox* sp.	绿藻门	239 个/L	0	12 个/L	12 个/L	55 个/L	25 个/L
	四包藻属 *Tetraspora* sp.	绿藻门	56 个/L	0	6 个/L	6 个/L	0	0

续表

种类		分类地位	在各样点的数量					
			睦里庄	还乡店	G35高速窄口	大码头	鸭旺口	辛丰庄
浮游植物	四角藻属 *Tetraedron* sp.	绿藻门	0	0	0	0	0	0
	小型月牙藻 *Selenastrum minutum*	绿藻门	421个/L	1个/L	33个/L	23个/L	29个/L	3个/L
	斜生栅藻 *Scenedesmus obliquus*	绿藻门	23个/L	0	12个/L	8个/L	4个/L	12个/L
	二形栅藻 *Scenedesmus dimorphus*	绿藻门	84个/L	0	0	1个/L	6个/L	0
	四尾栅藻 *Scenedesmus quadricauda*	绿藻门	11个/L	0	0	5个/L	2个/L	0
	丝藻属 *Ulothrix* sp.（附着）	绿藻门	+	−	−	−	−	−
浮游动物	大型溞 *Daphnia magna*	溞科	6个/L	2个/L	9个/L	12个/L	2个/L	3个/L
	锯齿真剑水蚤 *Eucyclops macruroides denticulatus*	剑水蚤科	30个/L	102个/L	106个/L	60个/L	44个/L	34个/L
底栖动物	中国圆田螺 *Cipangopaludina chinensis*	田螺科	44个/0.062 5 m²	1个/0.062 5 m²	0	2个/0.062 5 m²	0	7个/0.062 5 m²
	方格短沟蜷 *Semisulcospira cancellata*	黑螺科	31个/0.062 5 m²	0	0	0	0	0
	光滑狭口螺 *Stenothyra glabra*	螺科	23个/0.062 5 m²	0	0	0	0	0
	折叠萝卜螺 *Radix plicatula*	椎实螺科	0	2个/0.062 5 m²	0	0	0	0
	萝卜螺属 *Radix* sp.	椎实螺科	1个/0.062 5 m²	0	0	0	0	0
	小土蜗 *Galba pervia*	椎实螺科	2个/0.062 5 m²	0	0	0	0	0
	尖膀胱螺 *Physa acuta*	膀胱螺科	0	1个/0.062 5 m²	5个/0.062 5 m²	0	0	0

续表

种类	分类地位	在各样点的数量					
		睦里庄	还乡店	G35 高速窄口	大码头	鸭旺口	辛丰庄
底栖动物 凸旋螺 *Gyraulus convexiusculus*	扁卷螺科	3 个/0.062 5 m²	0	0	0	0	0
河蚬 *Corbicula fluminea*	蚬科	11 个/0.062 5 m²	0	0	0	0	0
淡水壳菜 *Limnoperna lacustris*	贻贝科	23 个/0.062 5 m²	0	0	0	0	0
水丝蚓属 *Limnodrilus* sp.	颤蚓科	2 个/0.062 5 m²	0	109 个/0.062 5 m²	16 个/0.062 5 m²	56 个/0.062 5 m²	23 个/0.062 5 m²
尾鳃蚓属 *Branchiura* sp.	颤蚓科	1 个/0.062 5 m²	0	2 个/0.062 5 m²	0	34 个/0.062 5 m²	72 个/0.062 5 m²
刀突摇蚊属 *Psectrocladius* sp.	摇蚊科	3 个/0.062 5 m²	0	0	0	6 个/0.062 5 m²	2 个/0.062 5 m²
鱼类 中华鳑鲏 *Rhodeus sinensis*	鲤科	13 尾	0	0	0	0	54 尾
鲫 *Carassius auratus auratus*	鲤科	1 尾	0	0	0	1 尾	3 尾
麦穗鱼 *Pseudorasbora parva*	鲤科	15 尾	0	0	0	0	78 尾
棒花鱼 *Abbottina rivularis*	鲤科	0	0	0	0	0	1 尾
黑鳍鳈 *Sarcocheilichihys nigripinnis nigripinnis*	鲤科	2 尾	0	0	0	0	2 尾
鳘条 *Hemiculter leucisculus*	鲤科	0	0	0	0	14 尾	0
红鳍鲌 *Culter erythropterus*	鲤科	0	0	0	0	0	0
子陵栉虾虎鱼 *Ctenogobius giurinus*	虾虎鱼科	3 尾	0	0	0	0	24 尾
黄黝 *Hypselentris swinhonis*	塘鳢科	1 尾	0	0	1 尾	0	13 尾
乌鳢 *Channa argus*	乌鳢科	0	0	1 尾	2 尾	0	0
圆尾斗鱼 *Macropodus chinensis*	丝足鲈科	1 尾	0	0	0	0	5 尾
泥鳅 *Misgurnus anguillicaudatus*	鳅科	0	4 尾	1 尾	1 尾	4 尾	5 尾

续表

种类		分类地位	在各样点的数量					
			睦里庄	还乡店	G35 高速窄口	大码头	鸭旺口	辛丰庄
鱼类	中华花鳅 *Cobitis sinensis*	鳅科	1 尾	0	0	2 尾	1 尾	0
	鲇鱼 *Parasilurus asotus*	鲇科	0	0	0	1 尾	0	0
	黄鳝 *Monopterus albus*	合鳃鱼科	0	0	0	0	0	1 尾
虾类	克氏原螯虾 *Procambarus clarkii*	螯虾科	3 尾	0	0	0	0	0
	日本沼虾 *Macrobrachium nipponense*	沼虾科	6 尾	0	0	0	0	11 尾
	异足新米虾 *Neocaridina heteropoda heteropoda*	匙指虾科	7 尾	0	0	0	0	0
龟类	巴西龟 *Trachemys scripta elegans*	水龟科	0	0	1 尾	0	0	0

注:"+"表示少量,比例小于 20%;"++"表示略多,比例为 20% ～ 40%;"-"表示无。

表 1-3-4 2016 年 11 月各样点水生生物群落种类组成及数量分布

种类		分类地位	在各样点的数量					
			睦里庄	还乡店	G35 高速窄口	大码头	鸭旺口	辛丰庄
浮游植物	简单舟形藻 *Navicula simplex*	硅藻门	15 个/L	0	0	1 个/L	2 个/L	0
	长圆舟形藻 *Navicula oblonga*	硅藻门	25 个/L	0	1 个/L	0	0	0
	颤藻 *Oscillatoria* sp.（丝状）	蓝藻门	+	–	–	+	–	–
浮游动物	大型溞 *Daphnia magna*	溞科	1 个/L	1 个/L	2 个/L	3 个/L	1 个/L	0
	锯齿真剑水蚤 *Eucyclops macruroides denticulatus*	剑水蚤科	1 个/L	0	0	0	0	3 个/L
底栖动物	中国圆田螺 *Cipangopaludina chinensis*	田螺科	145 个/0.062 5 m²	0	0	0	11 个/0.062 5 m²	24 个/0.062 5 m²
	方格短沟蜷 *Semisulcospira cancellata*	黑螺科	3 个/0.062 5 m²	0	0	0	0	0
	光滑狭口螺 *Stenothyra glabra*	螺科	1 个/0.062 5 m²	0	0	0	0	0

种类		分类地位	在各样点的数量					
			睦里庄	还乡店	G35 高速窄口	大码头	鸭旺口	辛丰庄
底栖动物	折叠萝卜螺 Radix plicatula	椎实螺科	0	7 个/0.062 5 m²	0	0	8 个/0.062 5 m²	0
	椭圆萝卜螺 Radix swinhoei	椎实螺科	0	0	0	0	0	0
	萝卜螺属 Radix sp.	椎实螺科	1	0	0	2 个/0.062 5 m²	0	0
	尖膀胱螺 Physa acuta	膀胱螺科	0	25 个/0.062 5 m²	4 个/0.062 5 m²	0	0	0
	大脐圆扁螺 Hippeutis umbilicalis	扁卷螺科	1	0	0	0	0	0
	尖口圆扁螺 Hippeutis cantori	扁卷螺科	0	0	1 个/0.062 5 m²	1 个/0.062 5 m²	0	0
	河蚬 Corbicula fluminea	蚬科	0	0	0	0	0	0
	淡水壳菜 Limnoperna lacustris	贻贝科	57 个/0.062 5 m²	0	0	0	0	0
	水丝蚓属 Limnodrilus sp.	颤蚓科	43 个/0.062 5 m²	4 个/0.062 5 m²	1 220 个/0.062 5 m²	2 510 个/0.062 5 m²	320 个/0.062 5 m²	40 个/0.062 5 m²
	尾鳃蚓属 Branchiura sp.	颤蚓科	12 个/0.062 5 m²	0	670 个/0.062 5 m²	446 个/0.062 5 m²	1 630 个/0.062 5 m²	13 个/0.062 5 m²
	环节动物	环节动物门	0	0	0	0	0	0
	吸虫	扁形动物门	0	0	13 个/0.062 5 m²	0	0	0
	摇蚊幼虫	摇蚊科	0	97 个/0.062 5 m²	0	0	0	11 个/0.062 5 m²
	双翅目幼虫	双翅目	0	0	0	0	0	0
鱼类	短须鱊 Acheilognathus barbatulus	鲤科	10 尾	0	0	0	0	0
	中华鳑鲏 Rhodeus sinensis	鲤科	147 尾	0	0	0	0	0

续表

种类		分类地位	在各样点的数量					
			睦里庄	还乡店	G35高速窄口	大码头	鸭旺口	辛丰庄
虾类	日本沼虾 *Macrobrachium nipponense*	沼虾科	11尾	0	0	12尾	5尾	15尾

注:"+"表示少量,比例小于20%;"++"表示略多,比例为20%～40%;"-"表示无。

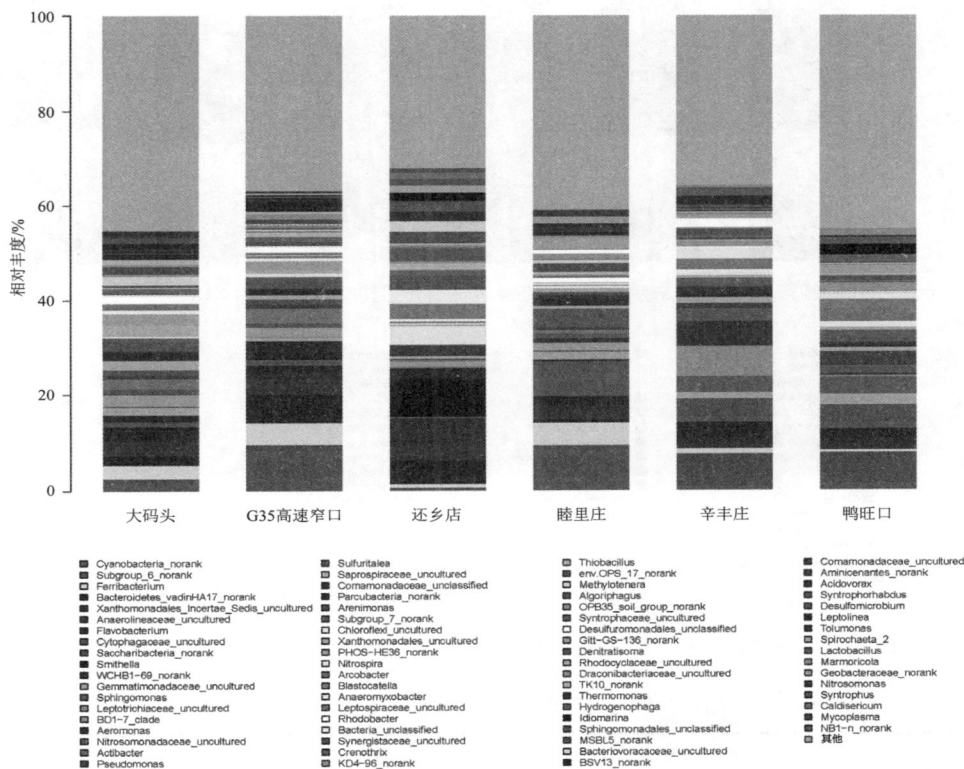

图 1-3-1　沉积物微生物群落结构

DNA序列比对注释分析应用的是在线数据库。有些序列比对注释结果无法将物种归属到具体某一分类阶元,其中有些对应的分类阶元尚未被确认(Unidentified),有些受限于数据库信息而在某个分类水平上没有明确的分类信息(No_Rank、norank)。为了呈现完整的注释信息,本书采用序列比对上的数据库中的原始信息。原始信息中,有些分类阶元名前端字母"P"代表分类阶元门,"C"代表分类阶元纲,"O"代表分类阶元目,"F"代表分类阶元科,"G"代表分类阶元属。本书以下图表不另出注。

彩图见附录。

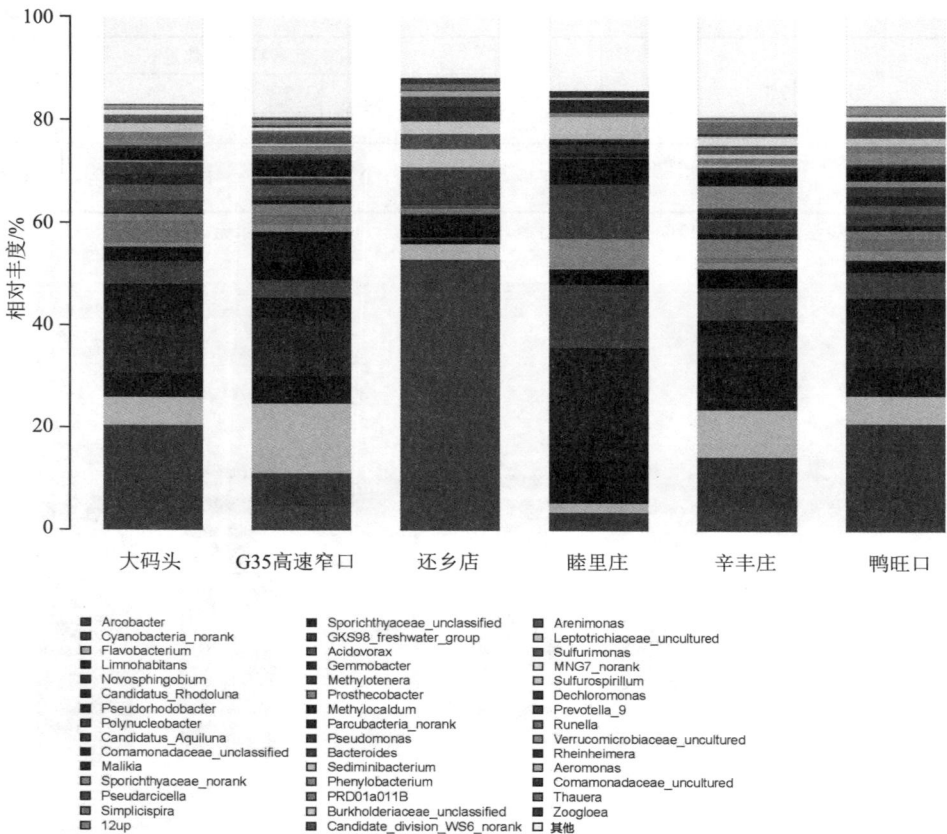

图 1-3-2　水体微生物群落结构

彩图见附录。

表 1-3-5　2015 年 10 月各样点水生生物物种数

	浮游植物	浮游动物	底栖动物	鱼类	合计
睦里庄	3	2	11	2	18
还乡店	0	2	5	0	7
G35 高速窄口	2	2	7	0	11
大码头	1	2	6	0	9
鸭旺口	2	2	5	0	9
辛丰庄	2	1	7	1	11

表 1-3-6　2015 年 10 月各样点水生生物共有物种数

	睦里庄	还乡店	G35 高速窄口	大码头	鸭旺口
还乡店	6				
G35 高速窄口	8	7			
大码头	7	5	8		
鸭旺口	6	5	8	6	
辛丰庄	8	4	8	5	6

表 1-3-7　2016 年 4 月各样点水生生物物种数

	浮游植物	浮游动物	底栖动物	鱼类和虾类	合计
睦里庄	29	2	8	16	55
还乡店	9	2	4	0	15
G35 高速窄口	17	2	4	4	27
大码头	19	2	3	6	30
鸭旺口	22	2	3	4	31
辛丰庄	18	1	4	2	25

表 1-3-8　2016 年 4 月各样点水生生物共有物种数

	睦里庄	还乡店	G35 高速窄口	大码头	鸭旺口	辛丰庄
还乡店	13					
G35 高速窄口	21	9				
大码头	25	10	24			
鸭旺口	28	10	22	21		
辛丰庄	21	10	19	23	20	

表 1-3-9　2016 年 8 月各样点水生生物物种数

	浮游植物	浮游动物	底栖动物	鱼类、虾类、龟类	合计
睦里庄	22	2	11	11	46
还乡店	5	2	3	1	11
G35 高速窄口	15	2	3	3	23
大码头	15	2	2	5	24
鸭旺口	19	2	2	4	27
辛丰庄	11	1	4	11	27

表 1-3-10　2016 年 8 月各样点水生生物共有物种数

	睦里庄	还乡店	G35 高速窄口	大码头	鸭旺口
还乡店	6				
G35 高速窄口	11	4			
大码头	20	6	15		
鸭旺口	23	5	15	16	
辛丰庄	22	6	14	14	17

表 1-3-11　2016 年 11 月各样点水生生物物种数

	浮游植物	浮游动物	底栖动物	鱼类和虾类	合计
睦里庄	3	2	8	3	16
还乡店	0	1	4	0	5
G35 高速窄口	1	1	5	0	7
大码头	1	1	4	1	7
鸭旺口	1	1	4	1	7
辛丰庄	0	1	4	1	6

表 1-3-12　2016 年 11 月各样点水生生物共有物种数

	睦里庄	还乡店	G35 高速窄口	大码头	鸭旺口
还乡店	2				
G35 高速窄口	5	3			
大码头	5	2	4		
鸭旺口	5	3	3	5	
辛丰庄	5	2	2	3	4

二、群落多样性分析

1. 多样性指数

Shannon-Wiener 指数是最常用的反映群落物种多样性的指标。对各个采样时间的各样点进行水生生物群落 Shannon-Wiener 指数分析,结果见表 1-3-13 至

表 1-3-16、图 1-3-3 至图 1-3-6。总体来看,小清河济南段水生生物群落多样性呈现出上、下游高而中游低的现象。水生生物群落多样性最高的样点为睦里庄,最低的样点为还乡店,其他 4 个样点的多样性比较接近。

2015 年 10 月的调查结果表明,睦里庄的水生生物群落的总 Shannon-Wiener 指数为 2.897,在所有样点中最高。由于浮游生物种类较少,利用浮游生物的 Shannon-Wiener 指数评价水质,误差较大。底栖动物种类相对丰富,能够较准确地反映实际情况。底栖动物的 Shannon-Wiener 指数在睦里庄和辛丰庄较高,其他样点均较低。

春季和夏季,各个样点的生物多样性显著提高,尤其以浮游植物种类的增加最显著。睦里庄的总 Shannon-Wiener 指数依然最高,底栖动物和鱼类对其贡献最大。

表 1-3-13　2015 年 10 月各样点水生生物群落 Shannon-Wiener 指数

	浮游植物	浮游动物	底栖动物	鱼类	总指数
睦里庄	0.637	0.693	1.319	0.249	2.897
还乡店	0.000	0.271	0.647	0.000	0.918
G35 高速窄口	0.693	0.377	0.563	0.000	1.633
大码头	0.000	0.423	0.422	0.000	0.845
鸭旺口	0.693	0.234	0.486	0.000	1.413
辛丰庄	0.637	0.000	1.296	0.000	1.933

表 1-3-14　2016 年 4 月各样点水生生物群落 Shannon-Wiener 指数

	浮游植物	浮游动物	底栖动物	鱼类和虾类	总指数
睦里庄	2.479	0.510	1.517	1.630	6.137
还乡店	1.710	0.164	0.983	0.000	2.857
G35 高速窄口	2.419	0.249	0.254	0.948	3.869
大码头	2.507	0.134	0.679	1.380	4.700
鸭旺口	2.734	0.084	0.414	1.121	4.353
辛丰庄	2.384	0.137	0.846	0.305	3.671

表 1-3-15　2016 年 8 月各样点水生生物群落 Shannon-Wiener 指数

	浮游植物	浮游动物	底栖动物	鱼类、虾类、龟类	总指数
睦里庄	2.328	0.451	1.824	1.964	6.568
还乡店	1.143	0.095	1.040	0.000	2.278
G35 高速窄口	2.270	0.275	0.264	1.099	3.907
大码头	2.324	0.451	0.349	1.550	4.673
鸭旺口	2.526	0.179	0.855	0.871	4.431
辛丰庄	2.083	0.281	0.846	1.669	4.879

表 1-3-16　2016 年 11 月各样点水生生物群落 Shannon-Wiener 指数

	浮游植物	浮游动物	底栖动物	鱼类和虾类	总指数
睦里庄	0.662	0.693	1.211	0.463	3.029
还乡店	0	0	0.805	0	0.805
G35 高速窄口	0	0	0.704	0	0.704
大码头	0	0	0.432	0	0.432
鸭旺口	0	0	0.500	0	0.5
辛丰庄	0	0	1.260	0	1.26

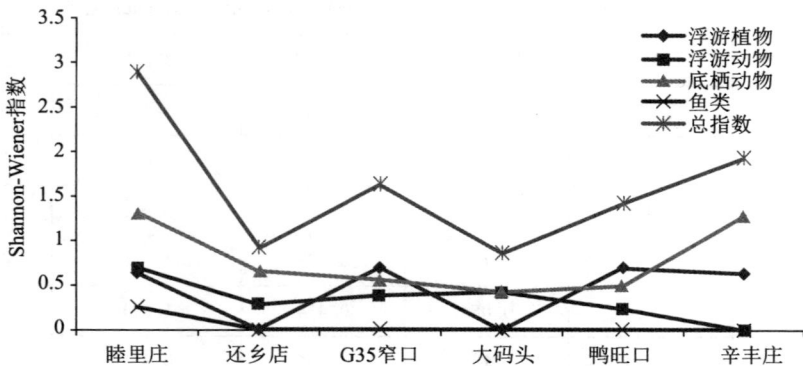

图 1-3-3　2015 年 10 月各样点水生生物群落多样性

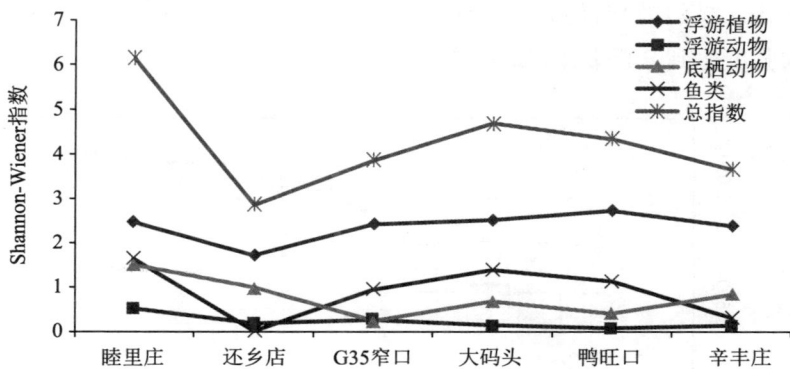

图 1-3-4 2016 年 4 月各样点水生生物群落多样性

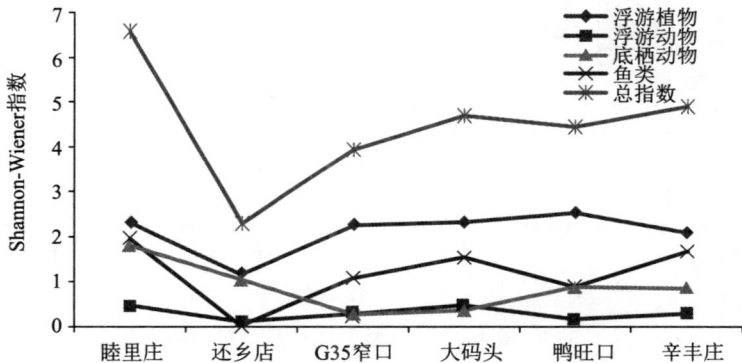

图 1-3-5 2016 年 8 月各样点水生生物群落多样性

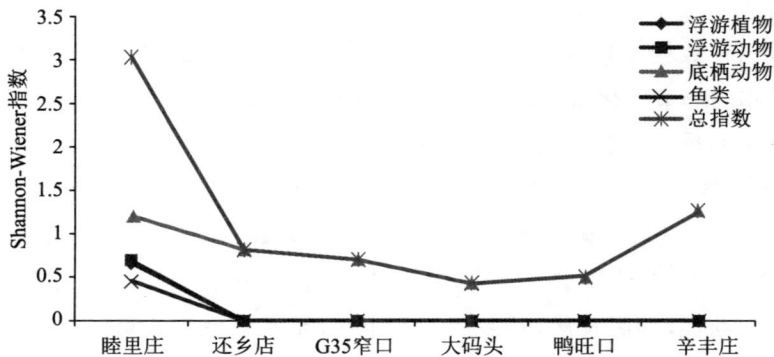

图 1-3-6 2016 年 11 月各样点水生生物群落多样性

图 1-3-7 显示随样品量的增加,微生物 OTU 的数量逐渐达到稳定,表明样品采集的强度达到分析要求,所采样品具有代表性。

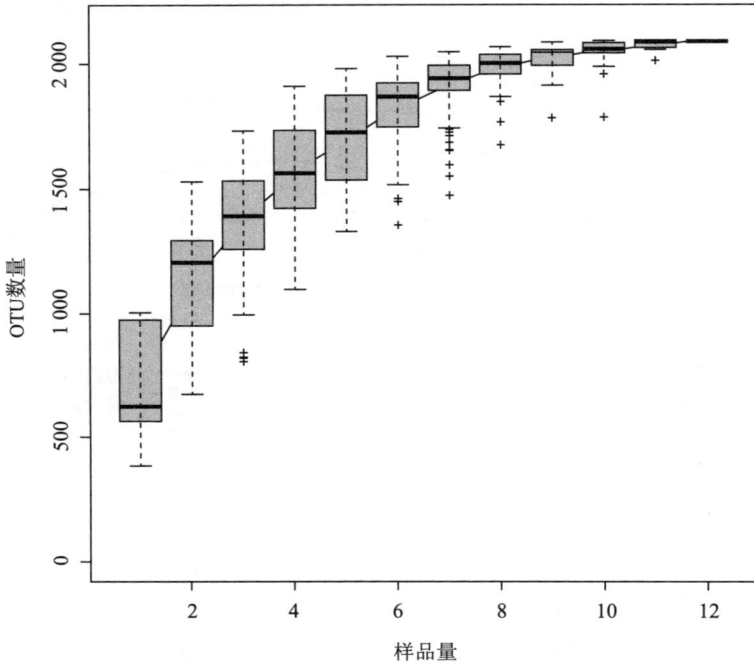

图 1-3-7　微生物 OTU 数量随样品量增加的变化

2. 水生生物的季节变化

小清河水生生物群落多样性的季节变化明显,其中浮游植物和鱼类与总多样性指数的一致程度较高。小清河水生生物群落多样性的季节变化符合一般水体水生生物的季节变化规律,见图 1-3-8 至图 1-3-12。

寡毛类的季节变化有自身的特点(图 1-3-13 和图 1-3-14):春、秋季数量增加,占底栖动物总个体数的 90% 以上;夏季数量明显减少,仅占总量的 25% 左右。分析 G35 高速窄口、大码头和鸭旺口 3 个寡毛类数量最丰富的连续断面可以明显看出,2016 年 11 月补水一年后,寡毛类数量较 2015 年 10 月补水初期均显著下降。其他断面,即睦里庄、还乡店和辛丰庄,虽然寡毛类数量一直很低,但是补水一年后,寡毛类的数量也下降。寡毛类减少是水质变好的表现。这些结果表明,生态补水一年,对降低寡毛类的种群数量、改善水质有积极的影响。

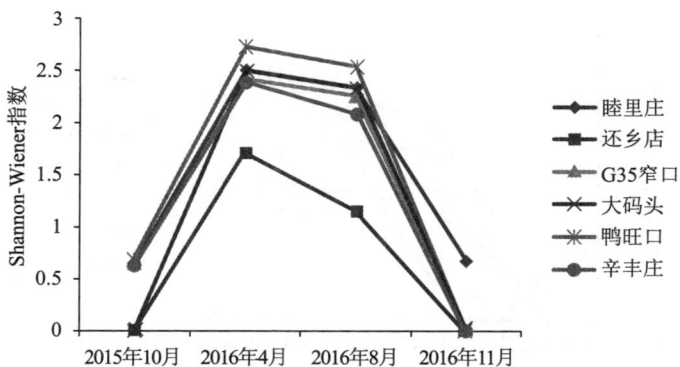

图 1-3-8　浮游植物群落多样性的季节变化

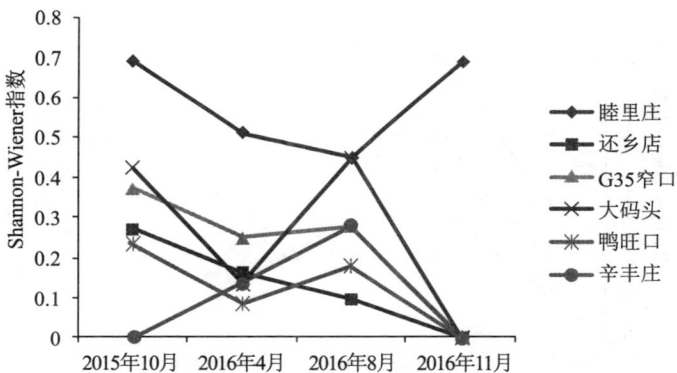

图 1-3-9　浮游动物群落多样性的季节变化

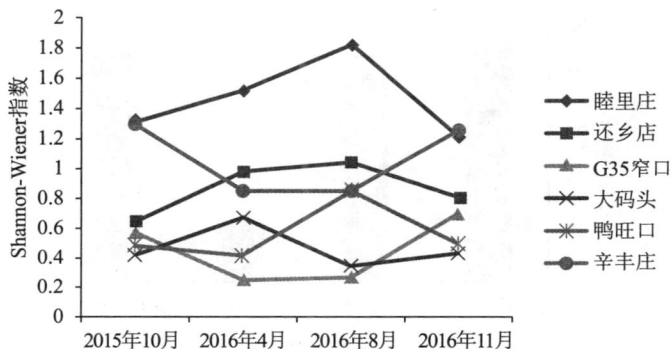

图 1-3-10　底栖动物群落多样性的季节变化

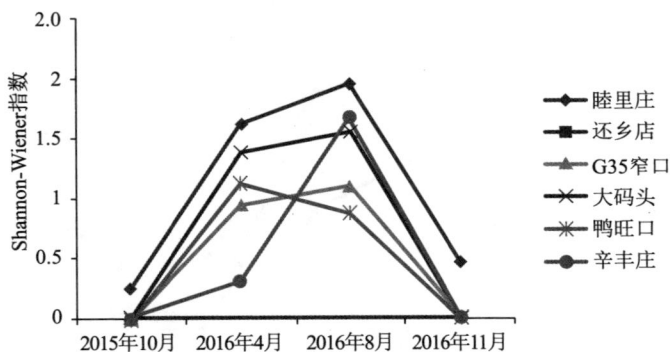

图 1-3-11 鱼类群落多样性的季节变化

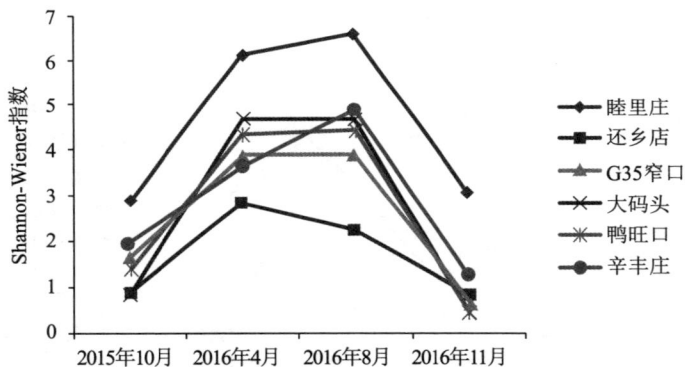

图 1-3-12 水生生物群落总多样性的季节变化

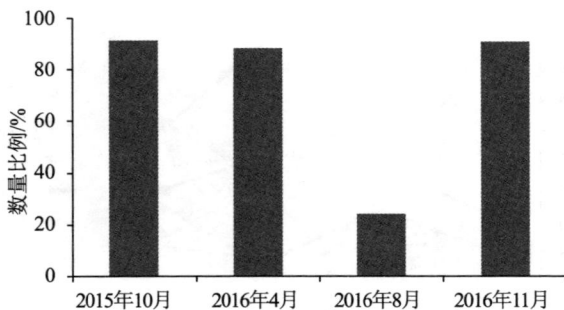

图 1-3-13 不同采样时间寡毛类占动物群落的数量比例

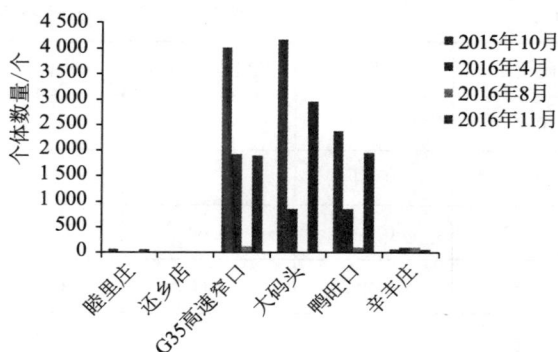

图 1-3-14　寡毛类个体数量在不同样点的季节变化

三、群落相似性分析

不同采样时间各样点水生生物群落 Jaccard 指数分析见表 1-3-17 至表 1-3-20。总体上看，G35 高速窄口、大码头、鸭旺口和辛丰庄水生生物群落的相似度较高。

冬季，G35 高速窄口与大码头、鸭旺口的水生生物群落 Jaccard 指数最高，为 0.80；其次为还乡店与 G35 高速窄口，为 0.78。

表 1-3-17　2015 年 10 月各样点水生生物群落 Jaccard 指数

	睦里庄	还乡店	G35 高速窄口	大码头	鸭旺口
还乡店	0.48				
G35 高速窄口	0.55	0.78			
大码头	0.52	0.63	0.80		
鸭旺口	0.44	0.63	0.80	0.67	
辛丰庄	0.55	0.44	0.73	0.50	0.6

表 1-3-18　2016 年 4 月各样点水生生物群落 Jaccard 指数

	睦里庄	还乡店	G35 高速窄口	大码头	鸭旺口
还乡店	0.37				
G35 高速窄口	0.51	0.43			
大码头	0.59	0.44	0.84		
鸭旺口	0.65	0.43	0.76	0.69	
辛丰庄	0.52	0.50	0.73	0.84	0.71

表 1-3-19　2016 年 8 月各样点水生生物群落 Jaccard 指数

	睦里庄	还乡店	G35 高速窄口	大码头	鸭旺口
还乡店	0.21				
G35 高速窄口	0.32	0.24			
大码头	0.57	0.34	0.64		
鸭旺口	0.63	0.26	0.60	0.63	
辛丰庄	0.60	0.32	0.56	0.55	0.63

表 1-3-20　2016 年 11 月各样点水生生物群落 Jaccard 指数

	睦里庄	还乡店	G35 高速窄口	大码头	鸭旺口
还乡店	0.19				
G35 高速窄口	0.43	0.50			
大码头	0.43	0.33	0.57		
鸭旺口	0.43	0.50	0.43	0.71	
辛丰庄	0.45	0.36	0.31	0.46	0.62

春季，大码头与 G35 高速窄口、辛丰庄的水生生物群落 Jaccard 指数最高，为 0.84；其次为鸭旺口与 G35 高速窄口，为 0.76。

夏季，小清河济南段干流各样点之间的水生生物群落 Jaccard 指数普遍较低。最相似的两个样点为 G35 高速窄口与大码头，为 0.64；其次为鸭旺口与睦里庄、大码头，辛丰庄与鸭旺口，为 0.63。结合样点相对位置和河道排污情况分析，G35 高速窄口、大码头、鸭旺口和辛丰庄为依次毗邻的样点。结合污染源分析，G35 高速窄口、大码头、鸭旺口为生活污水的主要排放区，污染物性质接近。微生物群落的相似性分析结果与上述水生生物群落的相似性分析结果基本一致。水体微生物群落结构与底泥微生物群落结构明显不同，形成两个独立的分支。各采样点水体和底泥微生物群落的聚类结果见图 1-3-15。还乡店和睦里庄的底泥微生物群落聚到同一大分支中，鸭旺口和辛丰庄的聚为另一分支；睦里庄水体微生物群落和其他样点的明显分开，还乡店与其他 4 个下游断面的水体微生物群落也分开。

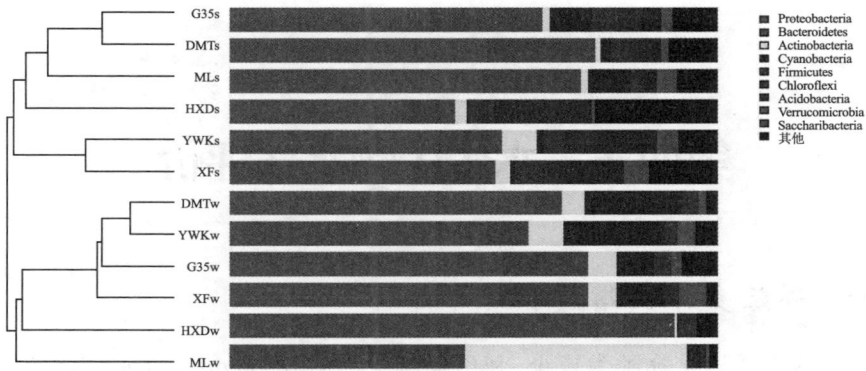

图 1-3-15　门水平群落相似性聚类分析

G35s. G35 高速窄口沉积物微生物群落；DMTs. 大码头沉积物微生物群落；MLs. 睦里庄沉积物微生物群
落；HXDs. 还乡店沉积物微生物群落；YWKs. 鸭旺口沉积物微生物群落；XFs. 辛丰庄沉积物微生物群落；
G35w. G35 高速窄口水体微生物群落；DMTw. 大码头水体微生物群落；MLw. 睦里庄水体微生物群落；
HXDw. 还乡店水体微生物群落；YWKw. 鸭旺口水体微生物群落；XFw. 辛丰庄水体微生物群落。

彩图见附录。

第四章　水生生物水质评价

一、群落多样性指数水质评价

由于冬季浮游生物种类较少,利用浮游生物的 Shannon-Wiener 指数评价水质误差较大。底栖动物和鱼类的群落比较稳定,冬季二者的 Shannon-Wiener 指数可以反映实际水质状况。根据表 1-1-2 中 Shannon-Wiener 指数评价标准,底栖动物的 Shannon-Wiener 指数在睦里庄和辛丰庄较高,水质为中度污染水平,其他样点均为重度污染水平。

春季和夏季,睦里庄的总 Shannon-Wiener 指数最高,底栖动物和鱼类对此贡献最大。从浮游植物看,除还乡店水质为中度污染外,其他样点均为轻度污染水平。从底栖动物的 Shannon-Wiener 指数看,除睦里庄为中度污染,其他样点均为或接近重度污染。睦里庄的鱼类群落多样性指数一直较高,指示该样点为中度污染,其他样点相对污染较重。

浮游植物是水体最重要的初级生产者,是氮、磷元素的主要利用者。对浮游植物种类、数量,以及水体氨氮、总氮和总磷含量随时间的动态变化进行了分析。水体氨氮、总氮和总磷含量随时间的动态变化分析结果见图 1-4-1 和图 1-4-2。浮游植物群落随时间的变化与水体总氮含量呈明显负相关关系。

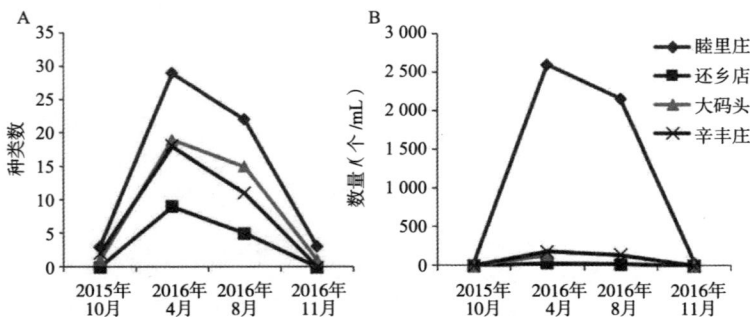

图 1-4-1　浮游植物种类(A)和数量(B)的随时间动态变化

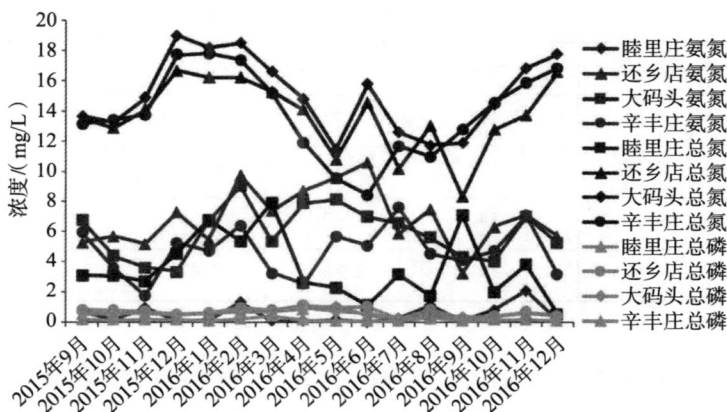

图 1-4-2　水体氨氮、总氮和总磷含量随时间的动态变化
彩图见附录。

　　水体总氮含量在春季(2月至5月)有一次明显的降低,而浮游植物群落种类和个体数量于4月达到最高峰。要确定这次总氮含量降低过程是否与浮游植物大量生长有关,需要在2月至4月密集采样,调查浮游植物的群落变化。总氮含量在秋初开始稳步升高,这可能与浮游植物种群的衰落密切相关。浮游植物群落变化与水体总氮的动态变化,一定程度上反映出浮游植物对氮源的利用过程。

二、生物学污染指数水质评价

　　生物学污染指数能够基于底栖动物的群落结构分析评价水体的环境质量。根据表 1-1-2 常用的大型底栖动物水质评价指数的计算公式和评价标准,对不同采样时间各样点的生物学污染指数进行分析。从表 1-4-1 中可以看出,睦里庄不同季节的污染情况不同:春季水体环境最好,为清洁级;冬季水体环境最差,处于轻中度污染水平。G35 高速窄口、大码头和鸭旺口底栖动物中寡毛类占有极大的比例,这 3 个样点大致处在重中度污染水平,其中大码头在春季、鸭旺口在春季和夏季还会出现重度污染的情况。辛丰庄水质状况在所有调查季节均处于轻中度污染水平。还乡店虽然感官上污染严重,但是生物学污染指数显示该样点为轻度污染或轻中度污染水平。

表 1-4-1 不同采样时间各样点的生物学污染指数

	睦里庄	还乡店	G35 高速窄口	大码头	鸭旺口	辛丰庄
2015 年 10 月	0.76	1.16	1.95	1.49	2.29	0.63
2016 年 4 月	0.08	0.12	2.12	6.86	6.86	1.35
2016 年 8 月	0.29	0.14	1.47	1.32	5.29	1.35
2016 年 11 月	0.67	1.10	2.86	3.47	2.03	1.06

三、Shannon-Wiener 指数与生物学污染指数有效性比较

大型底栖动物的 Shannon-Wiener 指数与生物学污染指数的生物学指标是相同的,二者均需要基于大型底栖动物的群落结构分析评价水质状况。在本调查研究中,Shannon-Wiener 指数与生物学污染指数能够比较一致地反映小清河济南段的水质状况,但是在个别样点存在一定的差异。其中,两种指数评价结果差别最大的样点为还乡店。Shannon-Wiener 指数评价显示还乡店水质为重度污染水平,但生物学污染指数反映该样点水质为轻度污染或轻中度污染。

从生物学污染指数的计算公式分析,该指数重视寡毛类、蛭类和摇蚊幼虫与其他底栖动物的数量比例大小,这一比例越大,生物学污染指数越大,反映的污染水平越高。Shannon-Wiener 指数显示还乡店的生物多样性水平很低,这不仅体现在软体动物等耐污值较低的底栖动物类群上,更体现在寡毛类等耐污值较高的类群上。还乡店的底泥污染物可能不适合寡毛类的生存,导致寡毛类的多样性低于软体动物,进而导致生物学污染指数较低。生物学污染指数可能不适用于还乡店的水质监测,而 Shannon-Wiener 指数更适用于还乡店的水质监测。

四、生物学指标评价与化学指标评价对比

生物学指标评价与化学指标评价得到的结果基本一致,见表 1-4-2。除还乡店外,Shannon-Wiener 指数和生物学污染指数可以用来评价小清河济南段的水质状况。

表1-4-2　生物学指标评价与化学指标评价对比

	睦里庄	还乡店	G35高速窄口	大码头	鸭旺口	辛丰庄
Shannon-Wiener指数	中度污染	重度污染	重度污染	重度污染	重度污染	中度污染
生物学污染指数	清洁或轻中污染	轻度污染或轻中度污染	重中度污染	重中度污染	重中度污染	轻中度污染
理化指标	Ⅲ类	劣Ⅴ类	—	劣Ⅴ类	劣Ⅴ类	劣Ⅴ类

注：理化指标评价参照《地表水环境质量标准》（GB 3838—2002）。
"—"表示未做评价。

五、微生物群落组成与化学指标的相关性

各样点水体和底泥微生物群落的聚类结果存在一定的区别，见图1-3-15。还乡店和睦里庄的底泥微生物群落聚到同一大分支中，鸭旺口和辛丰庄的聚为另一分支。睦里庄水体微生物群落与其他样点的明显分开，还乡店与其他4个下游断面的水体微生物群落也分开。将这一结果与化学指标评价结果相比较发现，底泥微生物群落分析结果很大程度上不能反映化学指标评价结果，水体微生物群落分析结果与化学指标评价结果一致。这样的结果容易理解。水质化学指标主要来自水体，而非底泥。本调查研究证明基于水体微生物群落组成的分析能够用以评价水质，可以得到与化学指标评价一致的结果，也暗示底泥微生物群落具有自己的特点。

六、微生物群落多样性与氨氮、总氮、总磷含量的相关性分析

微生物群落多样性反映断面微生物群落的整体现状。自上游（睦里庄）到下游（辛丰庄），水体和底泥微生物群落的Shannon-Wiener指数整体均略有上升，有显著变化的点在还乡店附近，与氨氮含量的变化拐点一致，与总氮含量的剧烈上升点一致。总磷含量的流域变化很小。在睦里庄至还乡店流域密集采集有助于深入挖掘微生物群落多样性与环境因子的相关性。

七、底泥硝化细菌及氨氮相关性分析

与氨氮降解直接相关的微生物主要为硝化细菌。在调查范围内，硝化细菌

集中分布于底泥中,见表 1-4-3。在睦里庄、G35 高速窄口、大码头、鸭旺口和辛丰庄,硝化细菌的相对丰度较高;在还乡店的最低。

表 1-4-3 底泥硝化细菌种类及相对丰度比较

种类	睦里庄	还乡店	G35 高速窄口	大码头	鸭旺口	辛丰庄
Nitriliruptoraceae	0	0	0	0	0	9
Nitrosococcus	0	0	0	0	10	3
Nitrosomonadaceae	131	4	111	134	192	318
Nitrosomonas	1	0	36	162	2	7
Nitrospinaceae	53	0	2	0	0	0
Nitrospira	73	37	84	107	151	166
总计	258	41	233	403	355	503

小清河对应断面的氨氮和总氮含量的变化在某些月份存在比较大的波动,偶然性较大,故后续分析以年平均值代表该断面的氨氮和总氮水平。比较各断面的氨氮与总氮含量变化(表 1-4-4),发现氨氮含量变化趋势与总氮的基本一致。将各断面的硝化细菌相对丰度与氨氮、总氮含量做共图分析发现,二者存在明显的负相关关系。这一结果直接表明辛丰庄等下游断面氨氮和总氮含量的下降很可能与底泥硝化细菌的富集有关。

表 1-4-4 各断面 2016 年年平均氨氮和总氮水平　　　　　　单位:mg/L

	睦里庄	还乡店	大码头	辛丰庄
氨氮年平均含量	0.55	7.27	6.39	4.91
总氮年平均含量	3.70	13.50	15.07	13.60

微生物群落结构分析的初步结果表明底泥很可能在水体氨氮和总氮降解过程中发挥了重要作用,其中的硝化细菌是重要的参与者。当然这并不能排除其他类型微生物的作用。后续的宏基因组分析将为深入挖掘氨氮和总氮降解相关微生物提供关键技术支持。

第五章 结论与建议

本次调查研究对了解小清河补水初期水生生物的群落结构、补水后水生生物群落的变化有重要基础意义,为小清河生态补水、水质改善等各方关切的重要工程提供生物学数据支持。本次调查研究得到了一些切实的结论,为后续研究提供了基础数据,同时指明了研究方向。

一、结论

(1)小清河济南段水生生物群落多样性水平整体较低。前三次调查取样共获得各类水生生物 74 种。环节动物门寡毛类(水丝蚓属和尾鳃蚓属)占捕获总量的比例最大,尤其在冬季和春季所占比例极高。

(2)寡毛类是 G35 高速窄口、大码头和鸭旺口水生动物群落的优势类群,构成了本地区大型底栖动物的主体,其中水丝蚓属又是优势类群中的优势属。

(3)各个样点水生生物种类和数量的季节变化明显。浮游植物季节变化最大,底栖动物群落组成相对稳定。

(4)鱼类群落是睦里庄样点的亮点群落。睦里庄样点拥有 14 种鱼类资源,绝大部分为原生观赏鱼类,鳑鲏亚科种类多达 4 种。

(5)小清河济南段水生生物群落多样性呈现出上、下游高而中游低的现象。水生生物群落多样性最高的样点为睦里庄,最低的样点为还乡店,其他 4 个样点的多样性比较接近。

(6)各个样点中,G35 高速窄口、大码头、鸭旺口和辛丰庄水生生物群落的相似度较高。

(7)利用 Shannon-Wiener 指数与生物学污染指数评价了各个样点的水质状况。睦里庄和辛丰庄样点为轻度污染或轻中度污染,其他样点为重中度污染或重度污染。

(8)Shannon-Wiener 指数与生物学污染指数能够比较一致地反映小清河济南段的水质状况,但是在个别样点存在一定的差异。其中,两种指数评价结果差别最大的样点为还乡店。Shannon-Wiener 指数评价还乡店水质处于重度污染水平，但生物学污染指数反映该样点水质为轻度污染或轻中度污染。

（9）还乡店和 G35 高速窄口样点发现重要致病生物尖膀胱螺 *Physa acuta*。尖膀胱螺在我国系外来入侵种，也是广州管圆线虫 *Angiostrongylus cantonensis* 和卷棘口吸虫 *Echinostoma revolutum* 的中间寄主。这两种寄生虫能够引起人畜共患的多种疾病，如人类嗜酸性脑膜炎、人禽互传性疾病等。

（10）在调查范围内，硝化细菌集中分布于底泥中。微生物群落结构分析的初步结果表明底泥微生物很可能在水体氨氮和总氮降解过程中发挥了重要作用，其中的硝化细菌是重要的参与者。

（11）浮游植物群落变化与水体总氮含量的动态变化，一定程度上反映出浮游植物对氮源的利用过程。

二、建议

（1）小清河济南段水生生物群落多样性整体水平较低。加强水质监控，完善退化生态系统修复技术是首要任务。

（2）还乡店水域的污染类型与邻近样点，如 G35 高速窄口、大码头等可能不同，导致底栖动物的种类组成区别明显。分析还乡店水域的污染物类型和来源、测定理化指标，或能找到造成这种区别的原因。

（3）小清河的鱼类群落多样性值得深入研究。鱼类是水体中最常见的高等动物，在水质评价方面的社会认可度高。睦里庄样点拥有多种原生鱼类资源，其中鳑鲏亚科种类多达 4 种，是鳑鲏亚科鱼类在济南的重要集中分布地，具有重要的栖息地保护价值。建议将睦里庄水域及相邻的大片湿地建设成为水生态自然保护区。

（4）在还乡店和 G35 高速窄口等人口聚集区发现尖膀胱螺，该地区具有比较高的传染病和流行病发生隐患。相关部门需要加强该地区尖膀胱螺种群的调查和管理，预防传染性疾病。

（5）浮游植物和微生物与总氮、氨氮含量的关系值得深入研究。浮游植物群落变化与水体总氮含量的动态变化，一定程度上反映出浮游植物对氮源的利用过程。初步发现微生物与总氮、氨氮含量具有一定相关性。宏基因组学研究将为发现更多硝化、反硝化和氨氧化细菌提供更高效、可靠的技术支持，从而指导后续微生物筛选和分离培养研究。

第二编

2018年小清河微生物降解作用研究

✪ 摘　要

微生物是生态系统中最重要的发挥分解作用的生物类群。没有微生物的活动,地球将面临更加严峻的生态环境问题。水是有自我净化能力的,这主要是因为水环境中的有益微生物能对溶解于水中的污染物进行分解、转化。但目前由于人口的增长,污水的排放量越来越大,污染物的种类越来越多,含量越来越高,对可起到净水作用的有益微生物危害严重,使水丧失了自我净化能力。我们希望通过对小清河济南段微生物群落结构的研究,发现小清河济南段水质的指示微生物,同时为开发本土化的氨氮降解微生物指明方向。

本研究采用高通量测序技术获得了小清河济南段各调查断面水体和沉积物中微生物 16S rRNA 测序区段序列的原始数据,将数据进行严格标准化后,获得了各调查断面微生物群落结构信息。在此基础上,结合环境因子数据,选择合理的统计分析模型和严谨的统计检验方法,深入分析了调查断面环境指示微生物群,以及与氨氮降解相关的微生物群,得到了可靠的结论。

稀释曲线说明各次测序数据量足够大,可以反映各断面的微生物多样性信息。微生物等级多度曲线反映各断面水体和底泥微生物的均匀度和丰富度。所有时间和断面数据都表明沉积物微生物群落的均匀度和丰富度明显高于水体微生物群落。断面间差异性检验表明研究断面设置合理,能够代表小清河济南段的微生物群落,能够从整体上反映研究区域的微生物群落状态。

本研究以小清河睦里庄断面为参照断面,以选定的指示微生物群作为小清河不同断面的指示微生物。LEfSe 分析是寻找群落间具有统计学意义上的显著差异的类群的方法。以睦里庄为参考断面,当 LDA 值为 4 时,有统计学意义上的显著差异的微生物类群能够简单明确地区别各断面微生物群落。

环境因子相关性分析采用了 RDA 或 CCA 的分析方法,在不同月份和不同断面间得到了相对稳定的分析结果。睦里庄断面与水体 pH 和溶解氧始终呈正相关关系,与氨氮、总氮、生化需氧量和化学需氧量始终呈负相关关系。大码头和还乡店断面与睦里庄断面相反,水体微生物丰度与氨氮、总氮、生化需氧量和化学需氧量呈正相关关系,与 pH 和溶解氧呈负相关关系。辛丰庄断面水体微生物丰度在不同月份的表现不同。3 月和 6 月,辛丰庄断面水体微生物丰度与睦里庄断面水体微生物丰度有相近的趋势,9 月表现较差,与氨氮、总氮、生化需氧量和化学需氧量呈现弱负相关关系。黄河泺口浮桥断面同睦里庄断面在水体微生物丰度与环境因子的相关性上一致。周王庄大桥断面水体微生物丰度与氨氮、总氮、生化需氧量和化学需氧量呈强正相关关系,与 pH 和溶解氧呈负相关关系。周王庄大桥断面不适合作为整个玉符河的监测断面。

本研究得到不同环境因子与微生物类群的相关性。通过广泛收集文献,整理了参与氨氧化、硝化、好氧反硝化、厌氧反硝化等过程的微生物种类。与文献研究比较发现,调查断面富含大量与氨氮降解过程密切相关的微生物类群。大量微生物类群高频率地出现在其他研究报道中,是常见的氨氮降解相关微生物。多种微生物类群虽然不常出现在文献报道中,但是在调查断面有着非常高的丰度并与氨氮有着显著的相关性,这些微生物是本土化氨氮降解微生物。

第一章　研究背景

　　微生物是生态系统中最重要的分解者。没有微生物的活动，地球将面临更加严峻的生态环境问题。

　　水是有自我净化能力的，这主要因为水环境中的有益微生物能对溶解于水中的污染物进行分解、转化。但目前由于人口的增长，污水的排放量越来越大，污染物的种类越来越多，含量越来越高，对可起到净水作用的有益微生物危害严重，使水丧失了自我净化能力。水环境中有害微生物在微生物类群中占优势，产生大量氨气、硫化氢、甲烷等有害气体，使水体变质、发黑、发臭，对地球生态环境和农牧渔业生产造成严重影响。

　　有益微生物是生物净化剂，在净化污水方面具有特殊的功能，能抑制有害微生物的活动，改善水环境，为水生动植物提供适宜生长的水域生态环境，促进水生动植物的生长。同时，水生动植物也发挥净水能力，与有益微生物的净化能力配合，使水域生态恢复平衡。

　　水体中的氮浓度超过了水体自净能力，达到破坏水原有用途的程度，形成了水体氮污染。目前，水体的氮污染普遍存在于养殖水体、地下水及江河湖海等中。含有农药、化肥等的农业废水、养殖废水、居民生活污水及工业废水均会引起水体的氮污染。反硝化过程广泛发生在自然界的各种环境中，如河流、湖泊、水库、海洋、底泥沉积物、土壤等。反硝化微生物可降低污受污染水体中的含氮污染物浓度，减弱因硝酸盐或亚硝酸盐的积累对生物的毒害作用，降低富营养化的发生概率，对于水质保护有重要意义。由于各种生态区域环境条件不同，其中的反硝化微生物种类、反硝化速率及影响反硝化微生物生长的主要因素也不同。

　　脱氮微生物在污水治理中起重要作用。污水中的含氮有机物经过异养菌的氨化作用转变为氨氮，再经过硝化菌的硝化作用转变为亚硝态氮和硝态氮，之后经过反硝化微生物的作用将亚硝态氮或硝态氮还原为一氧化氮、一氧化二氮，最终转变为氮气，排放到大气，从而降低污染水中含氮污染物的浓度。

　　淡水沉积物微生物群落是微生物食物网的主要组成部分,也是生物地球化学循环和河流沉积物－水界面能量流动过程的主要参与者。河流是人类和淡水生态系统可再生水的主要来源。淡水微生物群落的多样性和结构由物理化学和生物参数的时间和空间变异性决定,可以反映当地的环境条件。底栖生物生态系统的营养循环、环境和污染特征的任何转变将直接影响微生物群落,而微生物群落的改变反过来又会进一步影响营养循环和其他相关群落。

　　如今,许多大型生物被广泛地用作生态健康评估的指标。例如,鱼、底栖无脊椎动物和大型植物等。尽管上述生物对环境变化高度敏感,是良好的指标,但其使用仍然存在很多限制。特别是在一些退化的生态系统,如城市河流中,一些物种正面临灭绝的风险,应用这样的指示生物会降低评估的准确性。将微生物作为环境质量指标的做法已经被广泛接受。建立特定环境的指示微生物,首先需要确定特定环境中微生物群落的结构,然后确定其对特定营养素(环境因子)的功能贡献。

　　我们希望通过对小清河济南段微生物群落结构的研究,发现小清河济南段环境的指示微生物,同时为开发本土化的氨氮降解微生物指明方向。

第二章　研究区域与研究方法

一、研究区域概况

小清河是山东省境内的一条重要河流,位于山东省北部、黄河南侧,主流发源于济南市西郊睦里庄,流经济南、淄博、滨州、东营和潍坊等五地市的 18 个县区,于寿光市羊角沟注入渤海莱州湾。干流全长 237 km,流域面积 10 336 km²,河道平均比降为 0.15/1000。主要支流有兴济河、工商河、孝妇河、猪龙河、预备河及淄河等。流域南部为低山丘陵,北部为平原,主要支流均由右岸注入,是一条防洪除涝、灌溉、航运综合利用河道。

小清河济南段流经槐荫、天桥、历城、章丘四区(市),济南境内全长约 70 km,流域面积 2 792 km²。2007 年小清河自西起睦里庄、东至济青高速公路桥下改造后,河道由 30 m 拓宽为 70 ~ 100 m。流域内地势南高北低,以胶济铁路为界,南部多为山丘区,北部多为平原洼地。干流以南流域面积较大,支流众多,呈典型的单侧梳齿状水系分布。小清河在济南段的主要支流多在南岸,为山洪及泉水河道;北岸支流很少且较小,均为平原坡水排涝河道。

小清河济南段重要断面有 3 个,分别是睦里庄、洪园闸和辛丰庄。睦里庄为源头断面。洪园闸为市区生活污水出市区控制断面。辛丰庄为小清河济南段济南市断面。自睦里庄到洪园闸,小清河来水包括源头水(玉清湖渗水)、泉水和生活污水,其中生活污水含量最高。自洪园闸至辛丰庄,小清河来水包括工业污水、生活污水,另外在该段存在农灌取水情况。

二、断面设置

选取小清河源头睦里庄、还乡店、G35 高速窄口、大码头、鸭旺口、辛丰庄共 6 个断面,作为小清河睦里庄控制单元和辛丰庄控制单元的研究断面。选择泺口浮桥和周王庄大桥 2 个断面,作为黄河(泺口)控制单元和玉符河(卧虎山水库)

控制单元的研究断面。

三、样品采集

1. 采集工具

水样采集工具：竖式有机玻璃采水器、500 mL 收集瓶。

泥样采集工具：彼得逊采泥器、5 mL 离心管。

根据检测项目的要求，准备不同种类与容积的取样器具、固定剂及封口材料，还应该准备循环水式真空泵、送样袋、工作地图、保温箱、一次性橡胶手套、记号笔、GPS 仪、标签、采样记录表、相机等。

2. 采样流程

选择邻近但互不影响的水域同时进行水样和泥样的采集。为了避免下雨给实验带来的误差，在连续的晴天之后，对小清河的水样和底泥进行采集。

水样采集：使用竖式有机玻璃采水器在每个断面的河流中央和两侧进行采样，每个采集点采样 5 次。每次获得的水样分别装在 1 个 500 mL 的收集瓶中，每个收集瓶的水样为一个样品，做好标记。在天气炎热时为避免高温对样品的影响，要对样品做好低温处理，将样品放在有冰袋的保温箱中暂时保存。

泥样采集：使用彼得逊采泥器于每个断面采样 2 ～ 3 斗，用 5 mL 离心管采集表层 1 ～ 10 cm 的沉积物样品，每个离心管装 2/3 左右。每个断面采 10 管，每 2 个管为 1 个重复，剩下的泥样装在无菌的塑料袋中并排出空气。做好标记，低温保存。

3. 样品处理

将样品带回实验室后，泥样直接在 − 80℃ 下保存。水样使用循环水式真空泵和孔径为 0.22 μm 的滤膜过滤。每个样品过滤完毕之后，为防止样品的交叉污染，要使用去离子水清洗过滤器，之后再进行下一样品的过滤。过滤后的滤膜装送样袋中，排出空气，于 − 80℃ 下保存。每个断面的泥样和水样分别有 5 个样品，其中 3 个样品为实验样品，2 个样品为备份样品。

第三章　数据标准和分析方法

一、原始数据获取

本研究采用 MiSeq 高通量测序技术获得全部微生物的 16S rRNA 测序区段的序列数据，三月样品扩增测序 16S rRNA V3 区，其余样品扩增测序 16S rRNA V3—V4 区。环境因子数据根据国标方法进行实验分析获得。

二、原始数据质量控制

测序得到的是双端序列数据，首先根据双端测序读长（read）之间的重叠（overlap）关系，将成对的 reads 拼接成一条序列，同时对 reads 的质量和拼接效果进行控制，根据序列首尾两端的 barcode 和引物序列区分各样品得到有效序列，并校正序列方向，优化数据。优化数据的主要过程如下：① 过滤 reads 尾部质量值 20 以下的碱基，设置 50 bp 的窗口，如果窗口内的平均质量值低于 20，从窗口开始截去后端碱基，过滤质量控制后 50 bp 以下的 reads，去除含未知碱基（N）的reads。② 根据 reads 之间的 overlap 关系，将成对 reads 拼接（merge）成一条序列，最小 overlap 长度为 10 bp。③ 拼接序列的 overlap 区允许的最大错配比例为 0.2，筛选不符合序列。④ 根据序列首尾两端的 barcode 和引物区分样品，并校正序列方向，barcode 允许的错配数为 0，最大引物错配数为 2。

三、物种注释与评估标准

OTU 是在系统发生学或群体遗传学研究中，为了便于进行分析，人为给某一个分类单元（品系、属、种、分组等）设置的统一标志。要了解一个样本测序结果中的菌种、菌属等的数目信息，就需要对序列进行聚类（cluster）。通过聚类操作，将序列按照彼此的相似性分归为许多小组，一个小组就是一个 OTU。可根据不同的相似度水平，对所有序列进行 OTU 划分，通常对在 97% 的相似度水平下的

OTU 进行生物信息统计分析。

OTU 聚类步骤如下：① 对优化序列提取非重复序列,便于降低分析中间过程冗余计算量。② 去除没有重复的单序列。③ 按照 97% 相似度对非重复序列进行 OTU 聚类,在聚类过程中去除嵌合体,得到 OTU 的代表序列。④ 将所有优化序列映射至 OTU 代表序列,选出与代表序列相似度在 97% 以上的序列,生成 OTU 表格。

为了得到每个 OTU 对应的物种分类信息,采用 RDP classifier 贝叶斯算法对 97% 相似度的 OTU 代表序列进行分类学分析,并分别在各个分类水平——门（phylum）、纲（class）、目（order）、科（family）、属（genus）、种（species）统计各样本的群落组成。比对数据库如下：16S 细菌和古菌核糖体数据库 Silva （http://www.arb-silva.de）。

稀释曲线（rarefaction curve）是利用各样本在不同测序深度时的微生物多样性指数构建的曲线,用以反映各样本在不同测序数量时的微生物多样性,可以用来说明样本的测序数据量是否合理。对序列进行随机抽样,以抽到的序列数与它们对应的多样性指数构建稀释曲线。若多样性指数为 Chao（表征实际观测到的物种数目）,当曲线趋向平坦时,说明测序数据量合理。若是其他多样性指数（如 Shannon-Wiener 指数）,曲线趋向平坦时,说明测序数据量足够大,可以反映样本的微生物多样性信息。

等级-丰度（rank-abundance）曲线是分析多样性的一种方式。构建方法如下：统计单一样本中每一个 OTU 所含的序列数,将 OTU 按丰度（所含有的序列条数）等级由高到低排序,再以 OTU 等级为横坐标,以每个 OTU 中所含的序列数或 OTU 中序列数的相对百分含量为纵坐标作图。等级-丰度曲线可用来解释多样性的两个方面,即物种丰度和物种均匀度。在水平方向,物种的丰度由曲线的宽度来反映：物种的丰度越高,曲线在横轴上的范围越大。曲线的形状（平滑程度）反映了样本中物种的均匀度：曲线越平缓,物种分布越均匀。

研究环境中微生物的多样性,可以通过单样本的多样性（alpha 多样性）分析,使用一系列统计学分析指数,估计环境群落的物种丰度和多样性。反映群落丰富度（community richness）的指数有 Sobs、Chao、Ace、Jack、bootstrap；反映群落多样性（community diversity）的指数有 Shannon-Wiener、Simpson、Bergerparker、Invsimpson、Coverage、Qstat。本研究采用 Sobs、Chao 和 Shannon-Wiener 指数。

四、物种组成分析

根据分类学分析结果,可以得知不同分组(或样品)在各分类阶元上的群落结构组成情况。群落柱形图(bar plot)可以直观呈现两方面信息:① 各样本在某一分类学水平上含有何种微生物;② 样本中各微生物的相对丰度(所占比重)。

热图(heatmap plot)以颜色梯度来表征二维矩阵或表格中的数据大小,并呈现群落物种组成信息。通常根据物种或样本间丰度的相似性进行聚类,并将结果呈现在群落热图上,使高丰度和低丰度的物种分块聚集,通过颜色变化与相似程度来反映不同分组(或样品)在各分类水平上群落组成的相似性和差异性。

五、断面间群落比较分析

PCoA 分析,即主坐标分析(principal co-ordinates analysis),是一种对数据进行简化分析的技术,这种方法可以有效地找出数据中主要的元素,去除噪声和冗余,将原有的复杂数据降维,揭示隐藏在复杂数据背后的简单结构。其优点是简单且无参数限制。分析不同样本群落组成可以反映样本间的差异。将多组数据的差异反映在二维坐标图上,坐标轴取能够反映样品间最大差异的两个特征值。样本物种组成越相似,反映在 PCoA 图中的距离越近。

相似性分析(ANOSIM)是一种非参数检验,用来检验组间(两组或多组)差异是否显著大于组内差异,从而判断分组是否有意义。首先利用 Bray-Curtis 算法计算每两个样品间的距离,然后将所有距离从小到大进行排序。Adonis 分析又称置换多因素方差分析(permutational MANOVA)或非参数多因素方差分析(nonparametric MANOVA)。它利用半度量(如 Bray-Curtis 距离)或度量距离矩阵［如欧式(Euclidean)距离］对总方差进行分解,分析不同分组因素对样品差异的解释度,并使用置换检验对分组的统计学意义进行显著性分析。

六、断面间物种比较分析

断面间物种差异显著性检验根据得到的群落丰度数据,运用严格的统计学方法,评估不同断面微生物群落物种丰度差异的显著性水平,获得断面间显著性差异物种。本研究中,多断面差异分析采用单因素方差分析(one-way ANOVA),两断面差异分析采用 Student t 检验(Student's t test)。

线性判别分析(linear discriminant analysis effect size),又称 LEfSe 分析或 LDA effect size 分析,能显示组间在丰度上有显著统计学差异的指示生物(biomaker)(Segata 等,2011)。LEfSe 分析包括基因分析、代谢和分类分析,用于区别两个或两个以上生物因子(或者是群落)。该算法强调的是统计学意义和生物相关性。LEfSe 具有强大的识别功能。首先使用非参数因子克鲁斯卡尔-沃利斯秩和检验检测具有显著丰度差异的特征,然后找到丰度有显著性差异的类群。最后,LEfSe 采用线性判别分析(LDA)来估算每个物种丰度对差异效果影响的大小,即对断面按照不同的分组条件进行线性判别分析,找出对断面群落划分产生显著性影响的物种。本研究中 LEfSe LDA 阈值设为 4,采用多组比较策略 [all-against-all (more strict)],比较至属的水平。

七、环境因子相关性分析

本研究中,环境因子相关性分析采用冗余分析(redundancy analysis,RDA)/典范对应分析(canonical correspondence analysis,CCA)和相关性热图等方法。

RDA/CCA 是基于对应分析发展而来的一种排序方法,将对应分析与多元回归分析相结合,直接量化物种分布或群落组成与环境因子之间的关系,又称多元直接梯度分析。此分析主要用来反映微生物群落与环境因子之间关系。RDA/CCA 基于线性模型,可以检测环境因子、样本、菌群三者间的关系或者两两之间的关系。

相关性热图用以评估微生物分类与环境变量之间的相关性(如 Pearson、Spearman 相关等)。基本输出是一个距离矩阵,呈现群落中每个微生物分类与每个环境因子变量之间的相关系数。用热图可以直观地展现数值矩阵。

第四章 结果与分析

根据项目既定计划,目前共获得 3 月份、6 月份、9 月份和 12 月份的断面微生物数据。数据覆盖了项目要求的所有 8 个断面。3 月份共采集 6 个断面:睦里庄(ML)、还乡店(HXD)、G35 高速窄口(G35)、大码头(DMT)、鸭旺口(YWK)、辛丰庄(XF)。6 月份、9 月份和 12 月份采集了 8 个断面:睦里庄(ML)、还乡店(HXD)、G35 高速窄口(G35)、大码头(DMT)、鸭旺口(YWK)、辛丰庄(XF)、泺口浮桥(LKFQ)和周王庄大桥(ZWZDQ)。各断面样品的编码规则如下:某断面的水体样品编码为"w"加该断面的字母代表,某断面的沉积物样品编码为"s"加该断面的字母代表。例如,wML 表示睦里庄水体样品;sML 表示睦里庄沉积物样品。

一、原始数据质量检测

稀释曲线说明各次测序数据量足够大,可以反映各断面的微生物多样性信息,见表 2-4-1。

微生物等级多度曲线反映各断面水体和底泥微生物的均匀度和丰富度。所有时间和断面数据都表明沉积物微生物群落的均匀度和丰富度明显高于水体微生物群落(图 2-4-1 到图 2-4-4)。

表 2-4-1 各月份所获样品中微生物各分类阶元及 OTU 数目统计

时间	门	纲	目	科	属	种	OTU
3 月	65	172	355	687	1 473	3 270	11 530
6 月	56	151	316	615	1 372	3 045	8 617
9 月	61	164	335	638	1 397	3 232	10 380
12 月	48	111	236	409	793	1 479	3 065

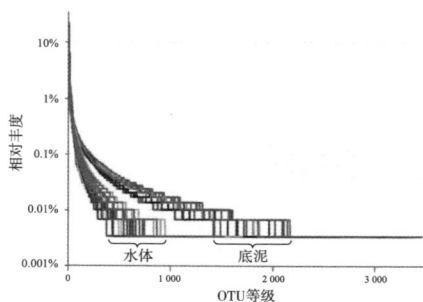

图 2-4-1　3 月份各个断面微生物群落等级－丰度曲线

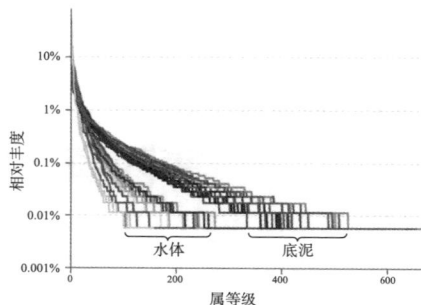

图 2-4-2　6 月份各个断面微生物群落等级－丰度曲线

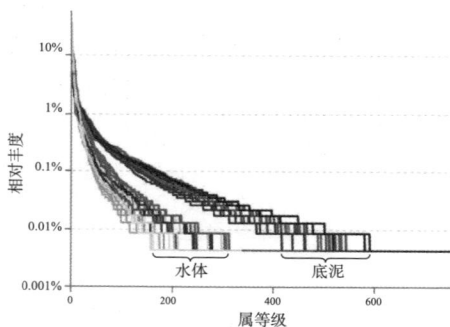

图 2-4-3　9 月份各个断面微生物群落等级－丰度曲线

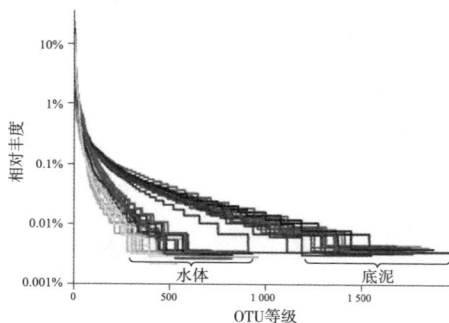

图 2-4-4　12 月份各个断面微生物群落等级－丰度曲线

二、微生物群落整体结构

以黄河泺口浮桥断面为参考,将小清河济南段作为整体,分析了小清河济南段微生物群落组成,见图 2-4-5 至图 2-4-8。主要微生物门的学名和中文名对照表见表 2-4-2。以 6 月份数据为例,分析了水体微生物群落,发现 33 个微生物门为小清河济南段与黄河泺口浮桥断面所共有,17 个微生物门为小清河济南段所特有;沉积物微生物分析发现,43 个微生物门为二者所共有,14 个微生物门为小清河济南段所特有。

小清河济南段 黄河泺口浮桥断面

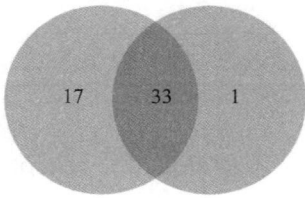

图 2-4-5 小清河济南段与黄河泺口浮桥断面水体微生物门类组成比较

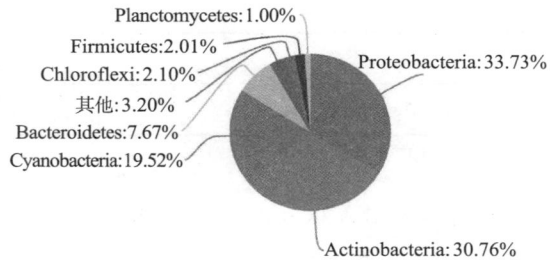

Planctomycetes:1.00%
Firmicutes:2.01%
Chloroflexi:2.10%
其他:3.20%
Bacteroidetes:7.67%
Cyanobacteria:19.52%
Proteobacteria:33.73%
Actinobacteria:30.76%

丰度低于 1% 的并入"其他"一组。

图 2-4-6 小清河济南段水体微生物类群的组成

小清河济南段 黄河泺口浮桥断面

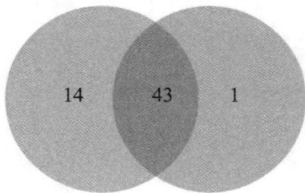

图 2-4-7 小清河济南段与黄河泺口浮桥断面沉积物微生物门类组成比较

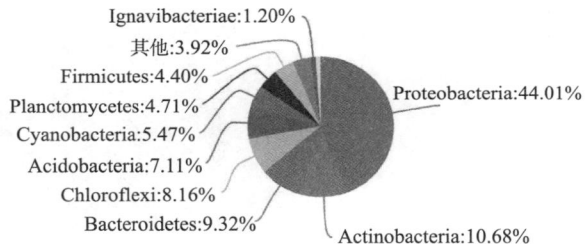

Ignavibacteriae:1.20%
其他:3.92%
Firmicutes:4.40%
Planctomycetes:4.71%
Cyanobacteria:5.47%
Acidobacteria:7.11%
Chloroflexi:8.16%
Bacteroidetes:9.32%
Proteobacteria:44.01%
Actinobacteria:10.68%

丰度低于 1% 的并入"其他"一组。

图 2-4-8 小清河济南段沉积物微生物类群的组成

表 2-4-2 主要微生物门的学名和中文名对照

学名	中文名
Actinobacteria	放线菌门
Bacteroidetes	拟杆菌门
Firmicutes	厚壁菌门
Chloroflexi	绿弯菌门
Proteobacteria	变形菌门
Cyanobacteria	蓝藻门
Planctomycetes	浮霉菌门
Acidobacteria	酸杆菌门

学名	中文名
Ignavibacteriae	—

*注:"—"表示暂无中文名。

小清河济南段水体和沉积物微生物门差别不大,48个微生物门为两相所共有,沉积物特有4个微生物门,水体特有2个微生物门,沉积物中含有更加丰富的微生物类群,表明水体微生物群落与沉积物微生物群落有着极其密切的互通关系(图2-4-9)。

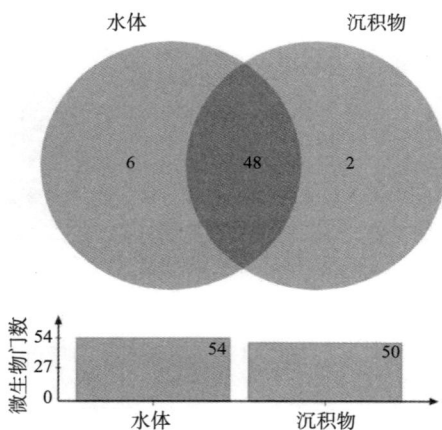

图 2-4-9　小清河济南段水体和沉积物微生物类群的组成(门水平)

三、断面微生物群落组成

本部分分析结果反映各断面微生物群落的物种组成和各物种的相对丰度。根据分类学分析结果,可以得知不同断面微生物在各分类阶元(域、界、门、纲、目、科、属、种)和OTU上的群落结构组成情况。图2-4-10至图2-4-13可以直观呈现两方面信息:① 各样本在某一分类阶元含有哪些微生物类群;② 样本中各微生物的相对丰度。

热图能直观呈现群落物种组成信息,可使高丰度和低丰度的物种分块聚集,通过颜色变化与相似程度来反映不同分组(或样本)在各分类阶元群落组成的相似性和差异性,发现差异类群。

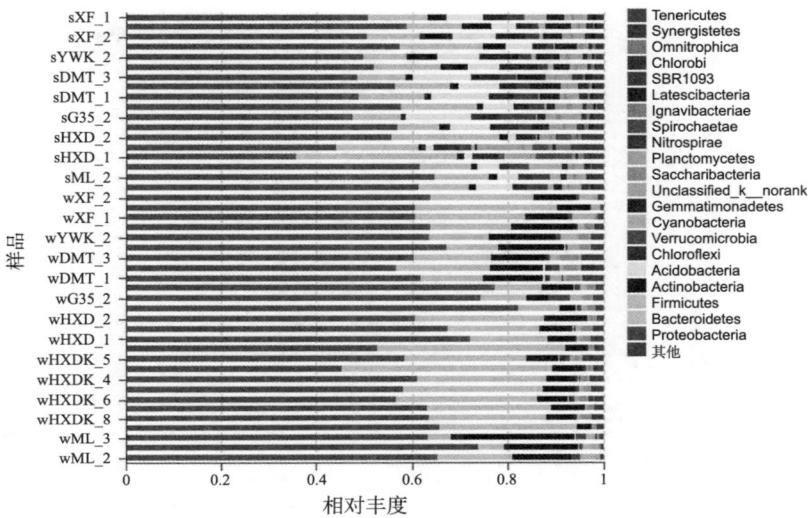

图 2-4-10　3 月份各断面水体和沉积物微生物群落结构

注：3 月份增采了还乡店排污口处的水样，记为 wHXDK。下同，不另出注。

彩图见附录。

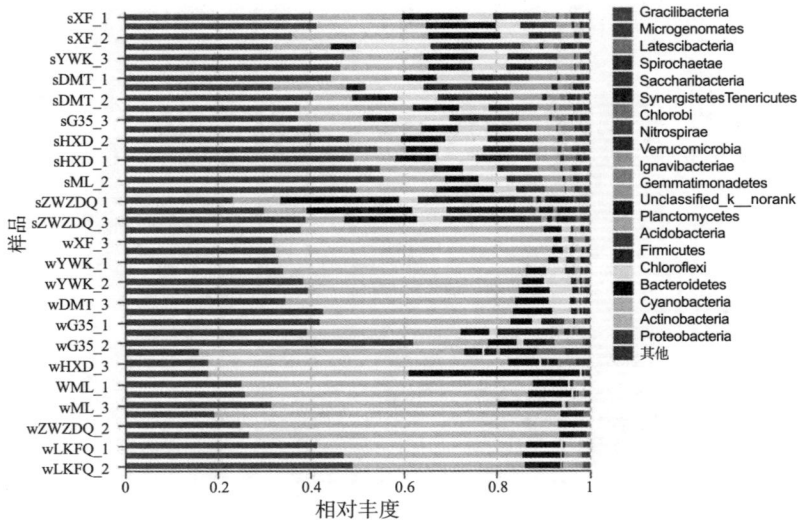

图 2-4-11　6 月份各断面水体和沉积物微生物群落结构

彩图见附录。

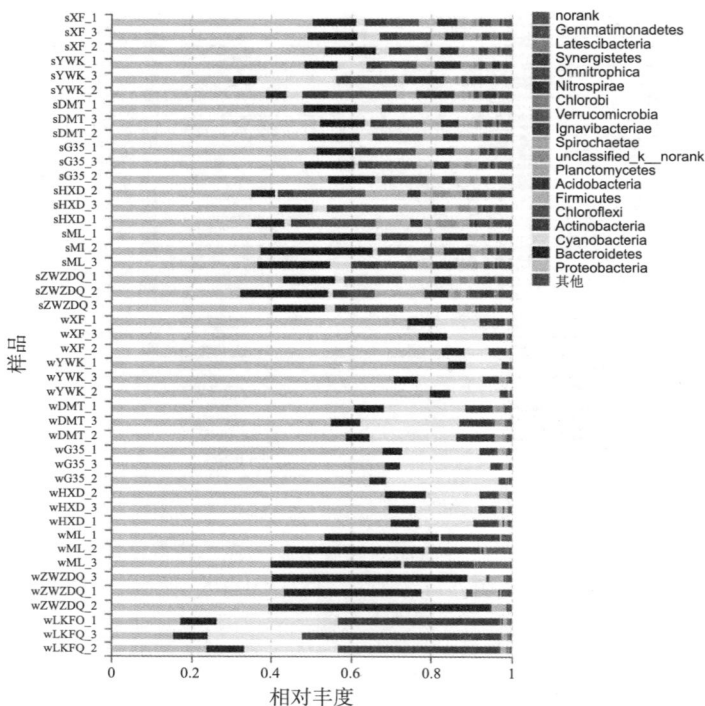

图 2-4-12　9 月份各断面水体和沉积物微生物群落结构
彩图见附录。

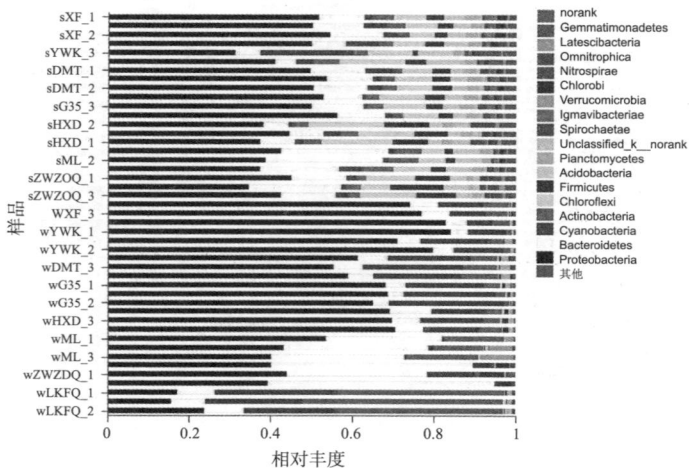

图 2-4-13　12 月份各断面水体和沉积物微生物群落结构
彩图见附录。

图 2-4-14 至图 2-4-17 表明变形菌门、放线菌门、蓝藻门是丰度相对较高的三大类群。以 3 月份为例，水体和沉积物微生物群落有大量共有微生物门，如 Proteobacteria、Actinobacteria，也有大量门在两相中呈差异性存在，如 Gracilibacteria、Parcubacteria。但是在不同月份，某些微生物在两相的分布会发生变化，如 Gracilibacteria 在 9 月份在两相中均有相当高的丰度。

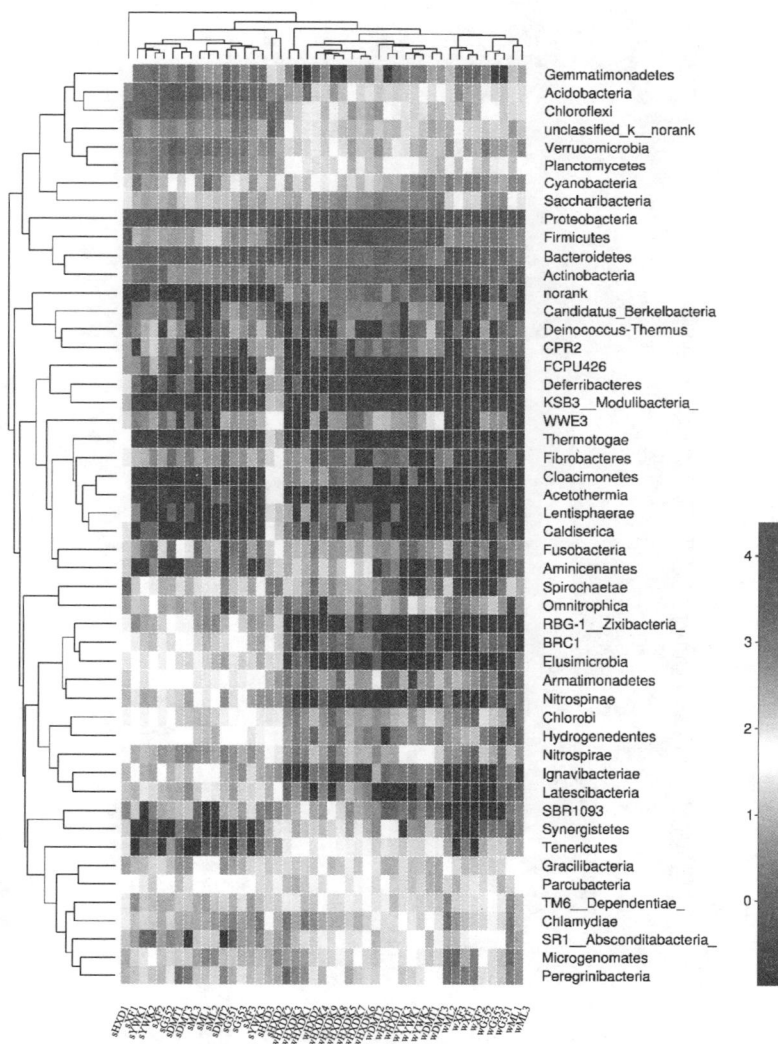

图 2-4-14　3 月份各断面水体和沉积物高丰度微生物热图
彩图见附录。

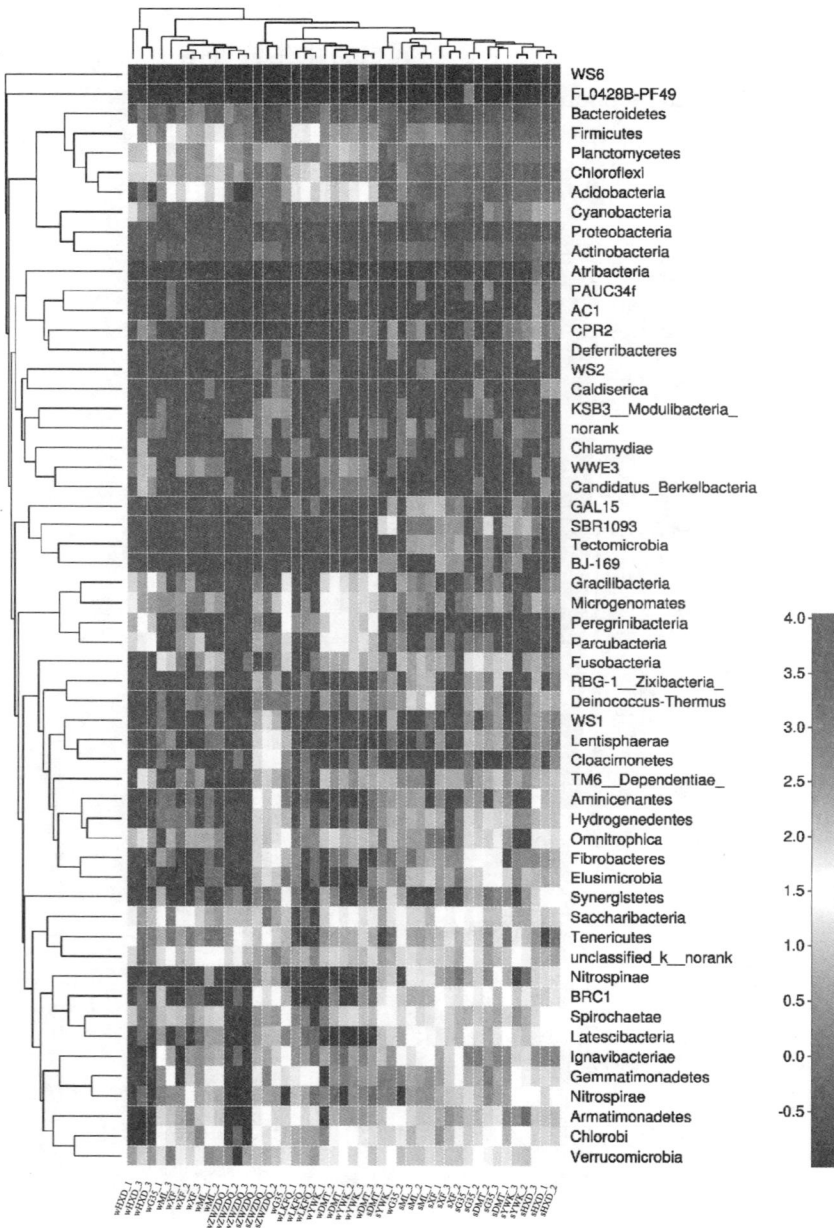

图 2-4-15　6月份各断面水体和沉积物高丰度微生物热图
彩图见附录。

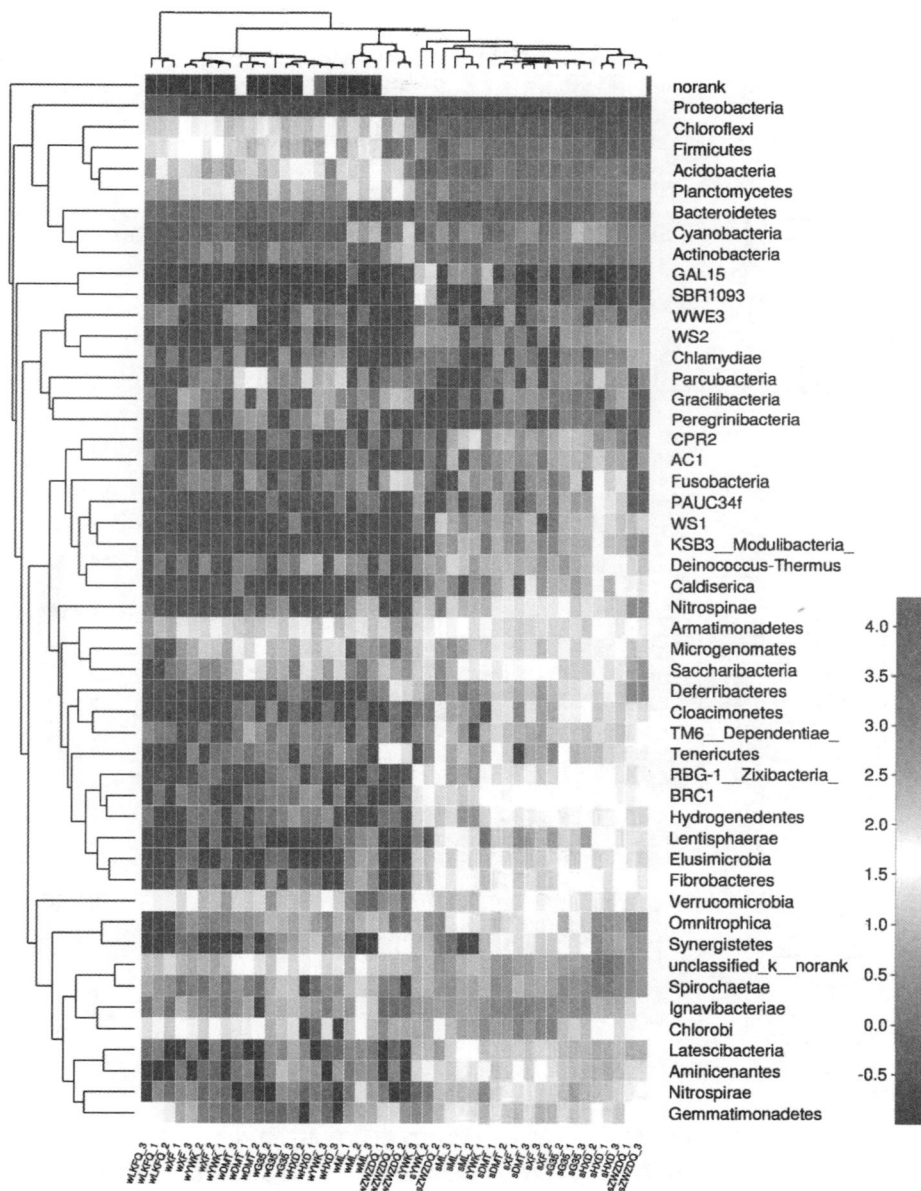

图 2-4-16　9 月份各断面水体和沉积物高丰度微生物热图

彩图见附录。

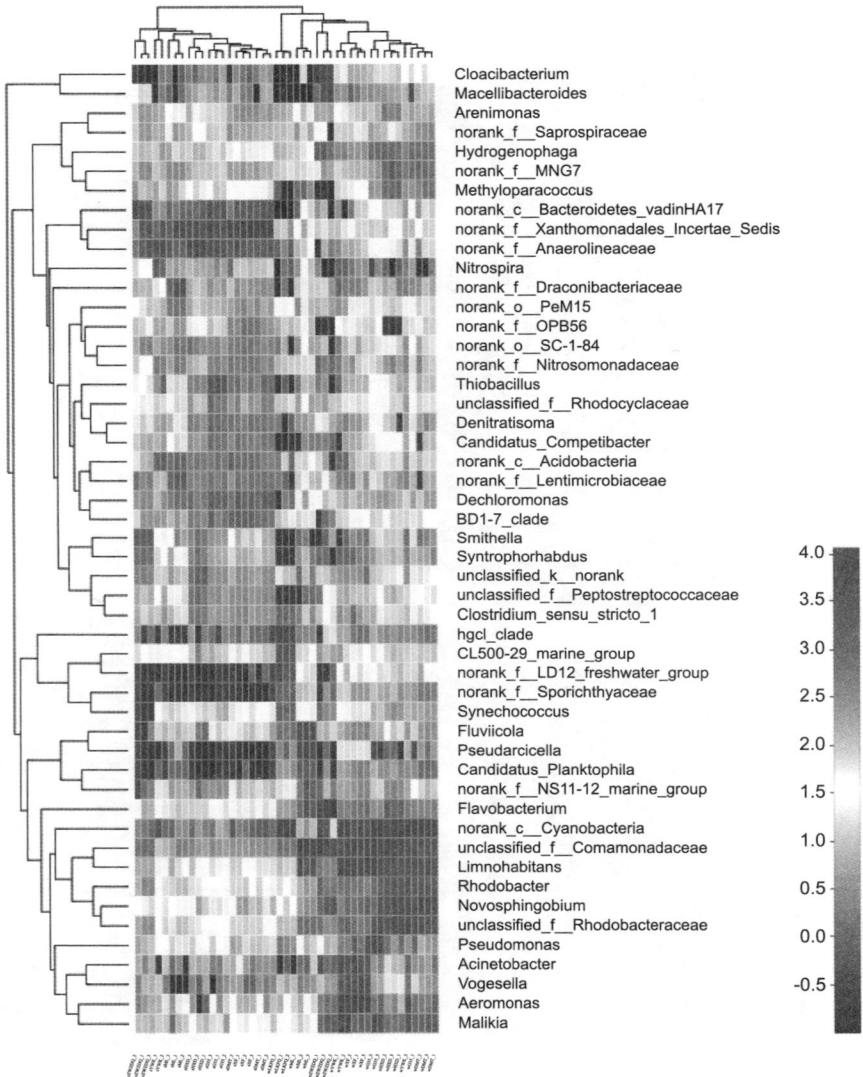

图 2-4-17 12 月份各断面水体和沉积物高丰度微生物热图

横坐标从左到右依次是 sZWZDQ_2、sZWZDQ_1、sZWZDQ_3、sYWK_3、sYWK_2、sML_3、sML_1、sML_2、sHXD_3、sHXD_2、sHXD_1、sG35_3、sG35_1、sG35_2、sDMT_2、sXF_1、sXF_2、sXF_3、sDMT_1、sDMT_2、wLKFQ_3、wLKFQ_1、wLKFQ_2、wML_1、wML_2、wML_3、wZWZDQ_1、wZWZDQ_3、wZWZDQ_2、wYWK_1、wYWK_2、wXF_2、wXF_1、wXF_3、wG35_2、wG35_3、wHXD_2、wHXD_3、wHXD_1、wYWK_3、wG35_1、wDMT_2、wDMT_3、wDMT_1

彩图见附录。

四、alpha 多样性分析

不同月份各断面的 alpha 多样性分析结果见图 2-4-18 至图 2-4-25。

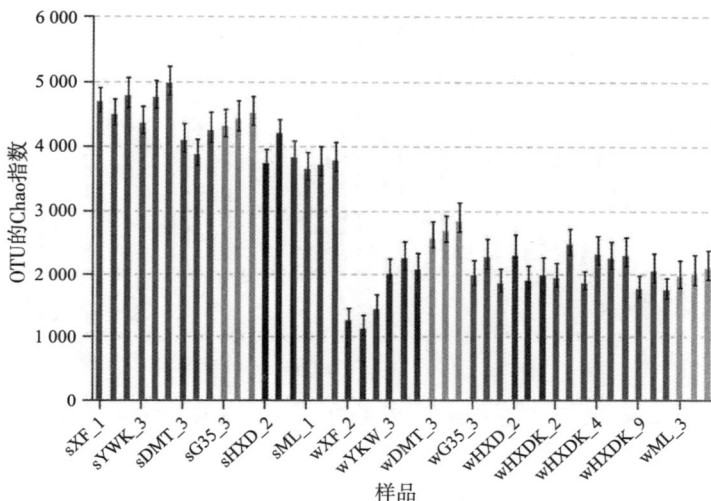

图 2-4-18 3 月份各断面微生物群落 alpha 多样性（Chao 指数）

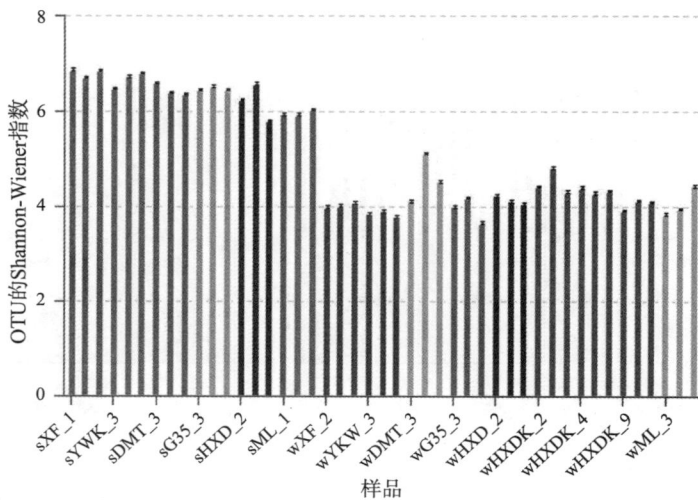

图 2-4-19 3 月份各断面微生物群落 alpha 多样性（Shannon-Wiener 指数）

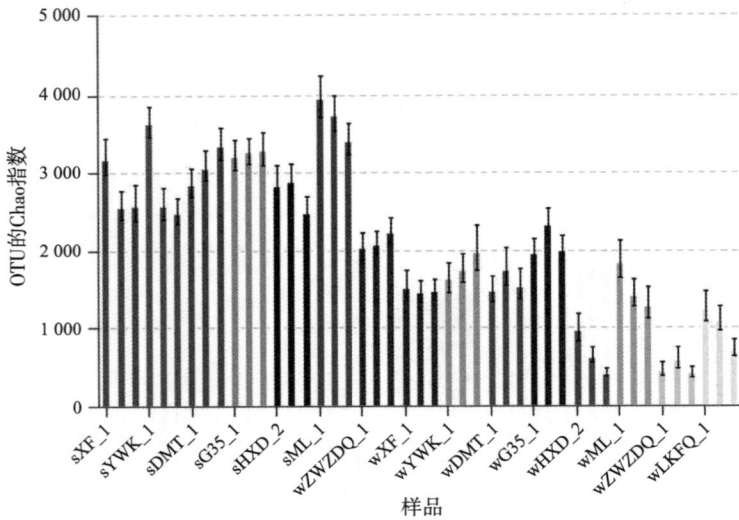

图 2-4-20　6 月份各断面微生物群落 alpha 多样性（Chao 指数）

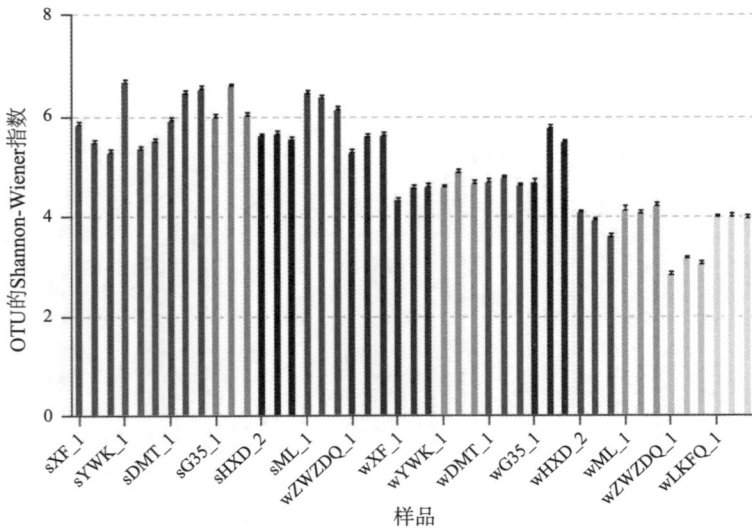

图 2-4-21　6 月份各断面微生物群落 alpha 多样性（Shannon-Wiener 指数）

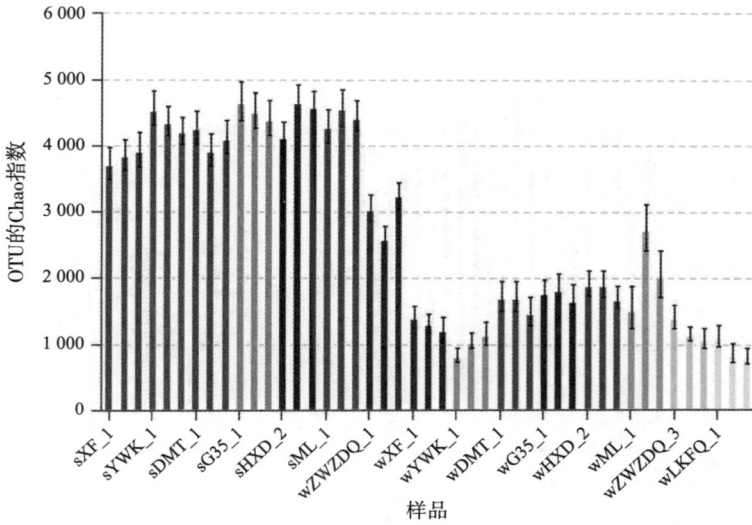

图 2-4-22 9 月份各断面微生物群落 alpha 多样性（Chao 指数）

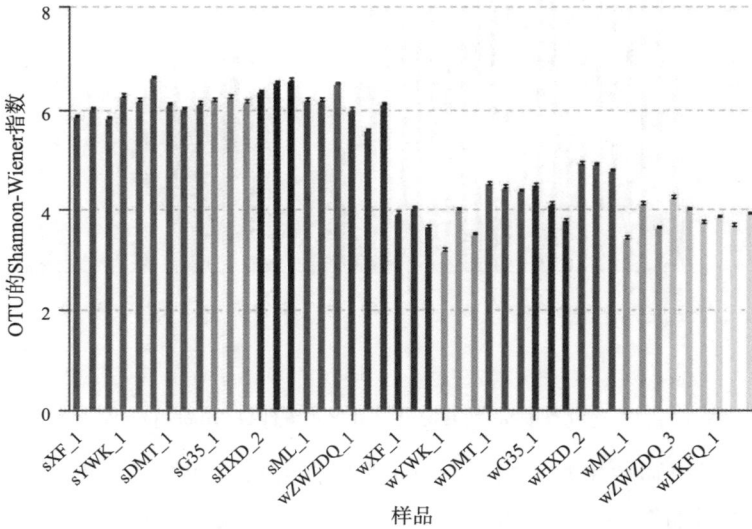

图 2-4-23 9 月份各断面微生物群落 alpha 多样性（Shannon-Wiener 指数）

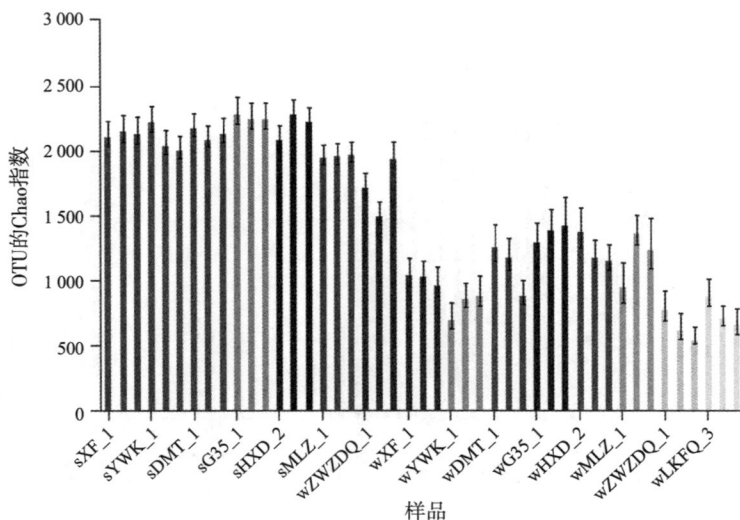

图 2-4-24　12 月份各断面微生物群落 alpha 多样性（Chao 指数）

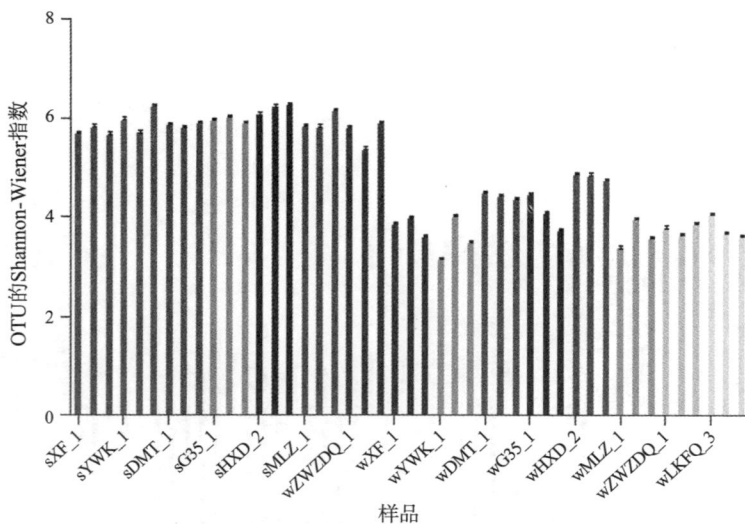

图 2-4-25　12 月份各断面微生物群落 alpha 多样性（Shannon-Wiener 指数）

　　水体和沉积物微生物群落的 alpha 多样性分析结果更清晰地显示了不同时间和不同断面的微生物群落的变化规律。沉积物微生物群落具有更多的物种（Chao 指数）和更高的物种多样性（Shannon-Wiener 指数）。

五、断面间微生物群落差异

采用 Sobs 指数和 Shannon-Wiener 指数、Chao 指数检验断面间微生物群落差异。两种指数的检验结果在中段(大码头、G35 高速窄口、还乡店)存在一定的差异;在上游(辛丰庄、鸭旺口)与中段之间、下游(睦里庄)与中段之间,两种指数检验得到基本一致的结果。从多样性指数检验结果看,辛丰庄、睦里庄断面与中段(大码头、G35 高速窄口、还乡店)断面差异明显,中段断面间区别不明显。但是后续 PCoA 分析发现,中段还乡店断面是相对独特的断面。此处建议,将大码头、G35 高速窄口合并,形成睦里庄、还乡店、大码头、辛丰庄 4 个断面,开展小清河济南段相关调查研究。相关结果见图 2-4-26 至图 2-4-41。

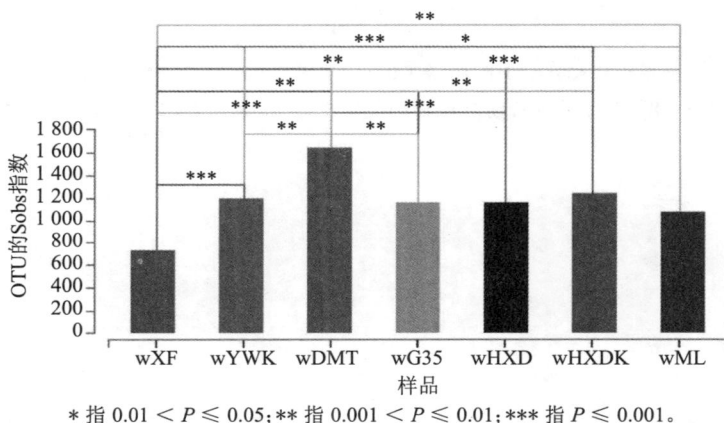

* 指 $0.01 < P \leqslant 0.05$;** 指 $0.001 < P \leqslant 0.01$;*** 指 $P \leqslant 0.001$。

图 2-4-26　3 月份各断面水体微生物群落 Sobs 指数组间差异的 t 检验

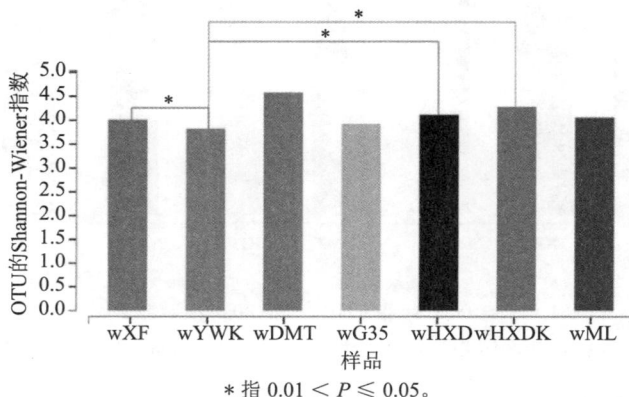

* 指 $0.01 < P \leqslant 0.05$。

图 2-4-27　3 月份各断面水体微生物群落 Shannon-Wiener 指数组间差异的 t 检验

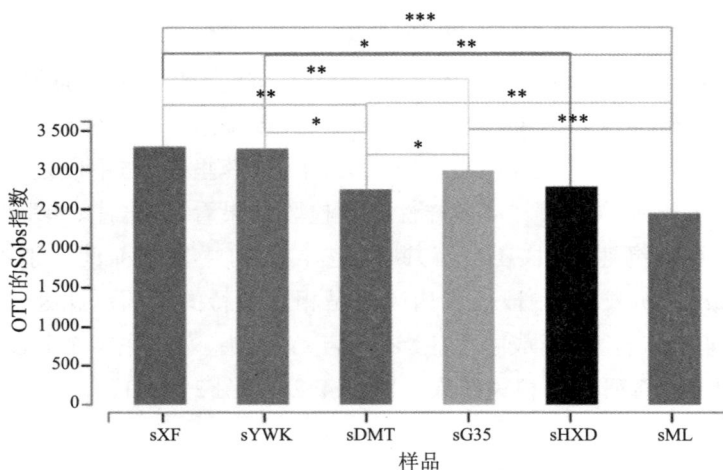

* 指 $0.01 < P \leqslant 0.05$；** 指 $0.001 < P \leqslant 0.01$；*** 指 $P \leqslant 0.001$。

图 2-4-28　3 月份各断面沉积物微生物群落 Sobs 指数组间差异的 t 检验

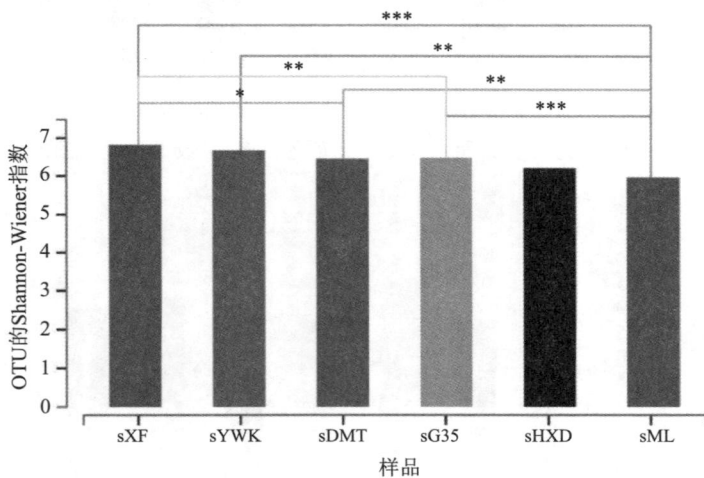

* 指 $0.01 < P \leqslant 0.05$；** 指 $0.001 < P \leqslant 0.01$；*** 指 $P \leqslant 0.001$。

图 2-4-29　3 月份各断面沉积物微生物群落 Shannon-Wiener 指数组间差异的 t 检验

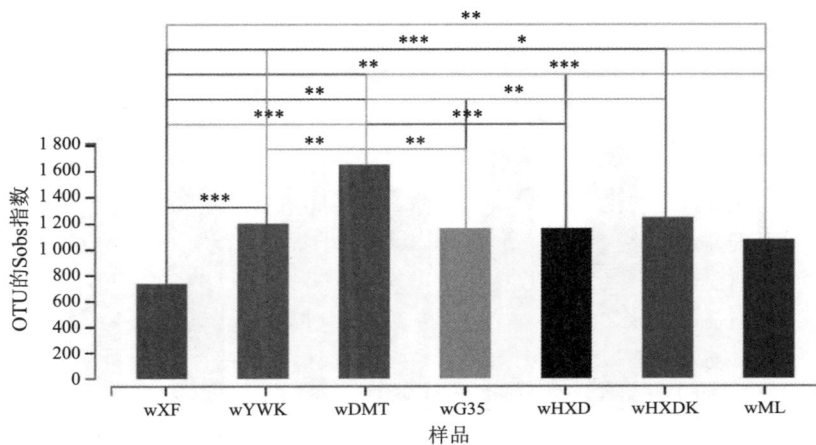

* 指 $0.01 < P \leqslant 0.05$；** 指 $0.001 < P \leqslant 0.01$；*** 指 $P \leqslant 0.001$。

图 2-4-30　6 月份各断面水体微生物群落 Sobs 指数组间差异的 t 检验

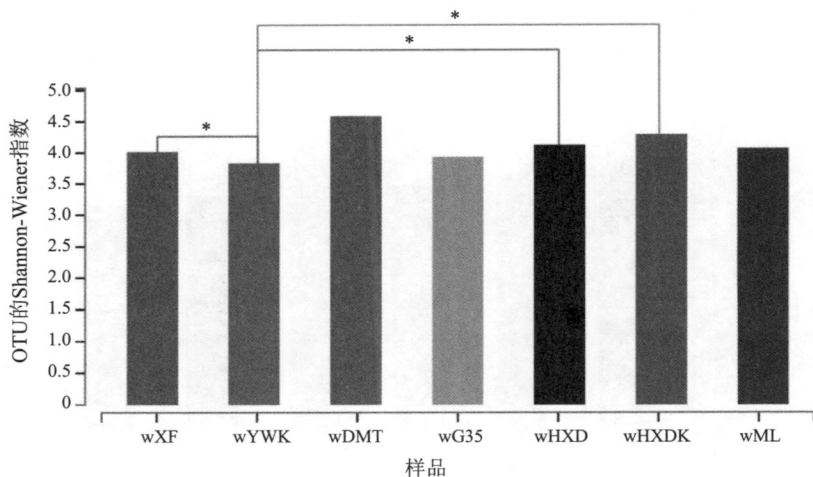

* 指 $0.01 < P \leqslant 0.05$。

图 2-4-31　6 月份各断面水体微生物群落 Shannon-Wiener 指数组间差异的 t 检验

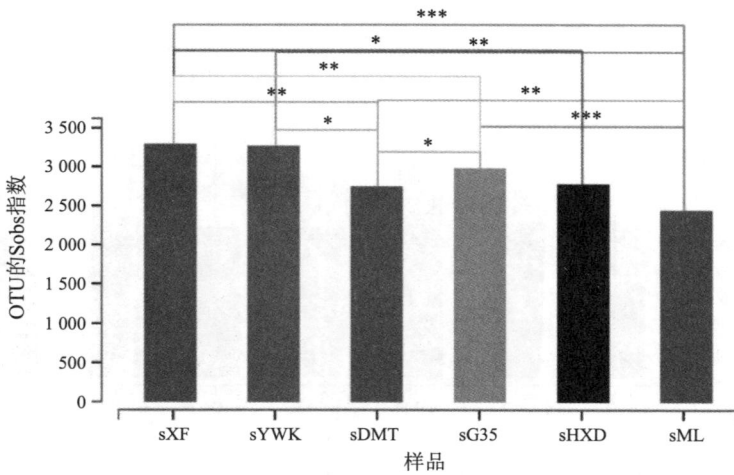

* 指 $0.01 < P \leqslant 0.05$;** 指 $0.001 < P \leqslant 0.01$;*** 指 $P \leqslant 0.001$。

图 2-4-32　6 月份各断面沉积物微生物群落 Sobs 指数组间差异的 t 检验

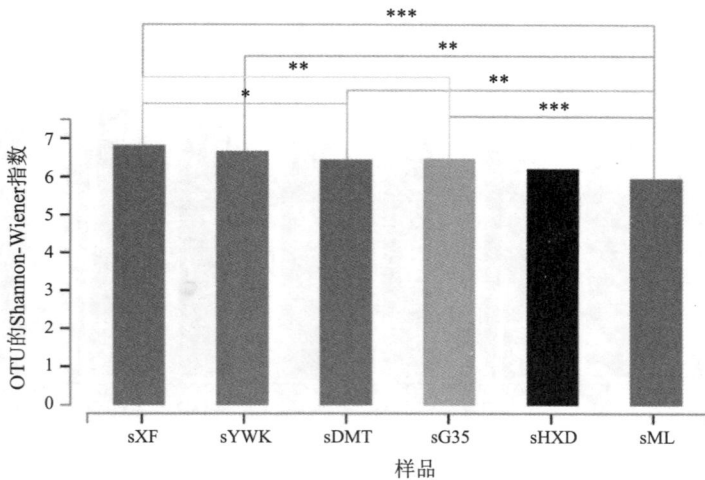

* 指 $0.01 < P \leqslant 0.05$;** 指 $0.001 < P \leqslant 0.01$;*** 指 $P \leqslant 0.001$。

图 2-4-33　6 月份各断面沉积物微生物群落 Shannon-Wiener 指数组间差异的 t 检验

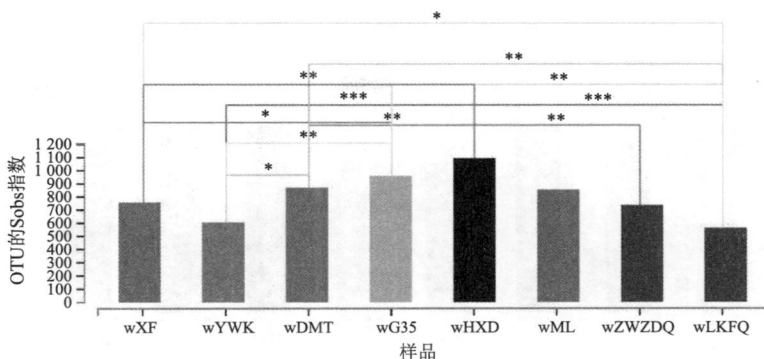

* 指 $0.01 < P \leqslant 0.05$；** 指 $0.001 < P \leqslant 0.01$；*** 指 $P \leqslant 0.001$。

图 2-4-34　9 月份各断面水体微生物群落 Sobs 指数组间差异的 t 检验

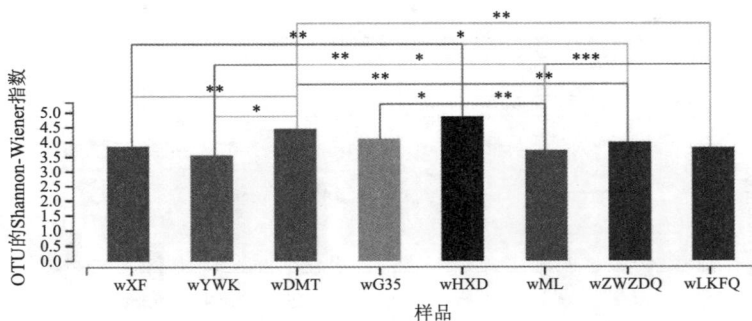

* 指 $0.01 < P \leqslant 0.05$；** 指 $0.001 < P \leqslant 0.01$；*** 指 $P \leqslant 0.001$。

图 2-4-35　9 月份各断面水体微生物群落 Shannon-Wiener 指数组间差异的 t 检验

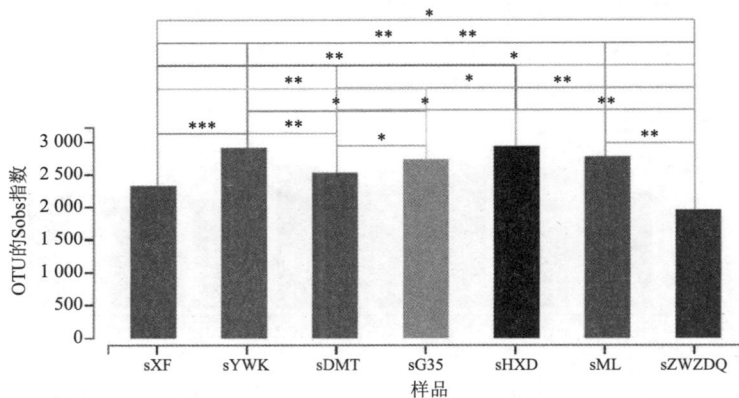

* 指 $0.01 < P \leqslant 0.05$；** 指 $0.001 < P \leqslant 0.01$；*** 指 $P \leqslant 0.001$。

图 2-4-36　9 月份各断面沉积物微生物群落 Sobs 指数组间差异的 t 检验

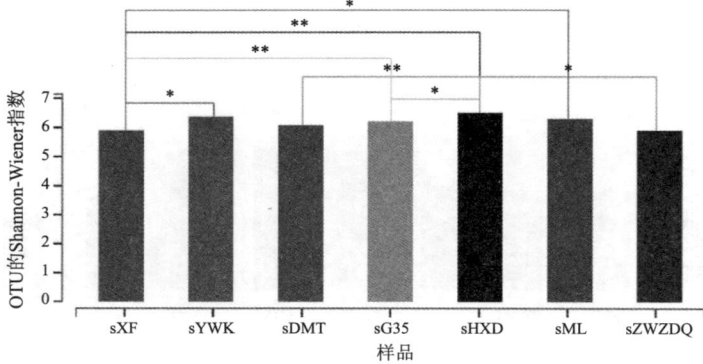

* 指 $0.01 < P \leqslant 0.05$；** 指 $0.001 < P \leqslant 0.01$。

图 2-4-37　9 月份各断面沉积物微生物群落 Shannon-Wiener 指数组间差异的 t 检验

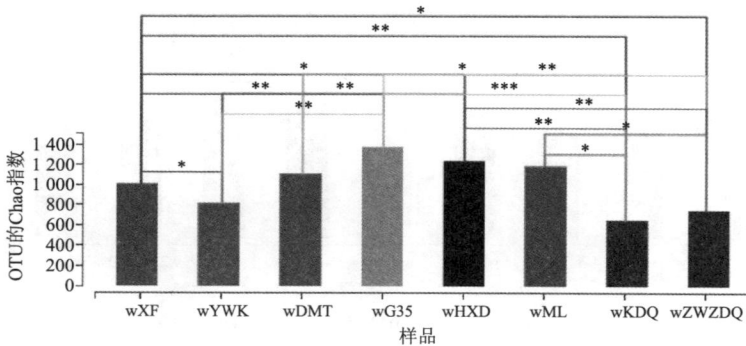

* 指 $0.01 < P \leqslant 0.05$；** 指 $0.001 < P \leqslant 0.01$；*** 指 $P \leqslant 0.001$。

图 2-4-38　12 月份各断面水体微生物群落 Chao 指数组间差异的 t 检验

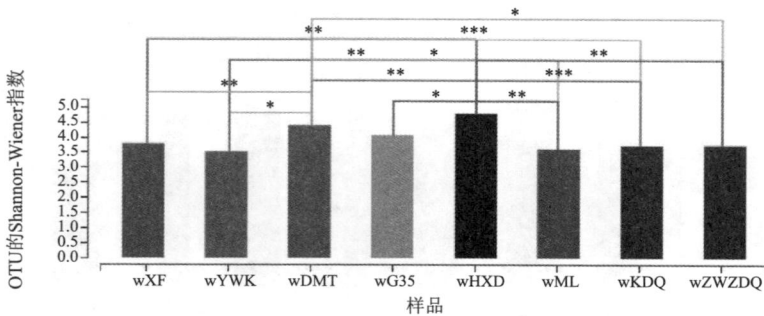

* 指 $0.01 < P \leqslant 0.05$；** 指 $0.001 < P \leqslant 0.01$；*** 指 $P \leqslant 0.001$。

图 2-4-39　12 月份各断面水体微生物群落 Shannon-Wiener 指数组间差异的 t 检验

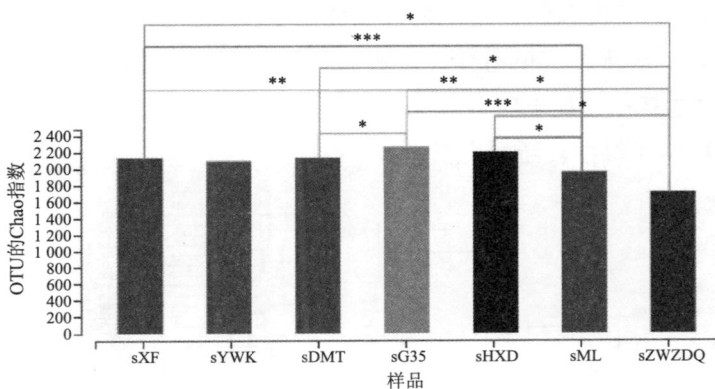

＊指 $0.01 < P \leqslant 0.05$；＊＊指 $0.001 < P \leqslant 0.01$；＊＊＊指 $P \leqslant 0.001$。

图 2-4-40　12 月份各断面沉积物微生物群落 Chao 指数组间差异的 t 检验

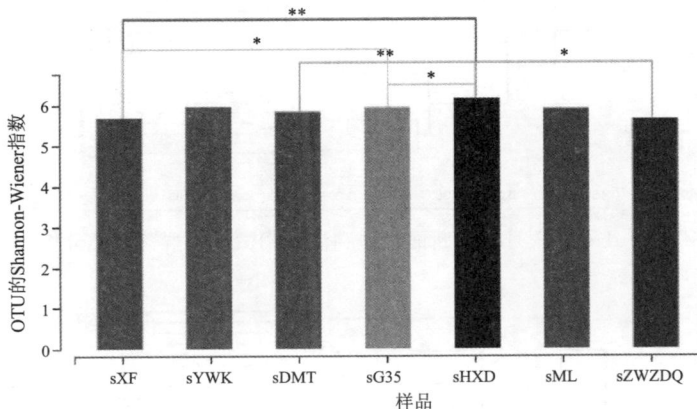

＊指 $0.01 < P \leqslant 0.05$；＊＊指 $0.001 < P \leqslant 0.01$。

图 2-4-41　12 月份各断面沉积物微生物群落 Shannon-Wiener 指数组间差异的 t 检验

断面间差异性检验表明断面间普遍存在显著性或极显著性差异，说明研究断面设置合理，能够从整体上反映研究区域的微生物群落状态。

六、beta 多样性分析

为研究不同样品的相似性和差异关系，对样品距离矩阵进行聚类分析，构建样品层级聚类树。根据 beta 多样性距离矩阵进行层级聚类分析，呈现不同环境样品中微生物群落的差异程度。

从聚类分析的结果（图 2-4-42 至图 2-4-45）可以看出，所有的水体微生物群落聚成一支,所有的沉积物微生物群落聚成一支,形成明显分异的两大分支。聚类分析结果表明水体与沉积物具有显著不同的微生物群落组成。除了 wDMT_2 外,断面内的重复样品能够很好地聚类到一起,与其他断面区别明显,表明断面间的微生物群落相似性较断面内低。

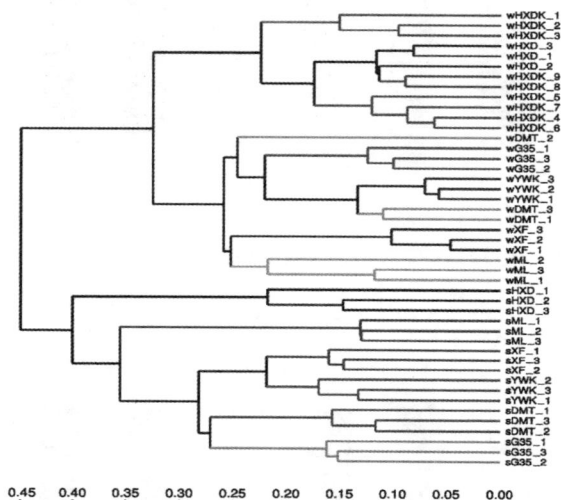

图 2-4-42　3 月份各断面水体和沉积物微生物群落聚类分析

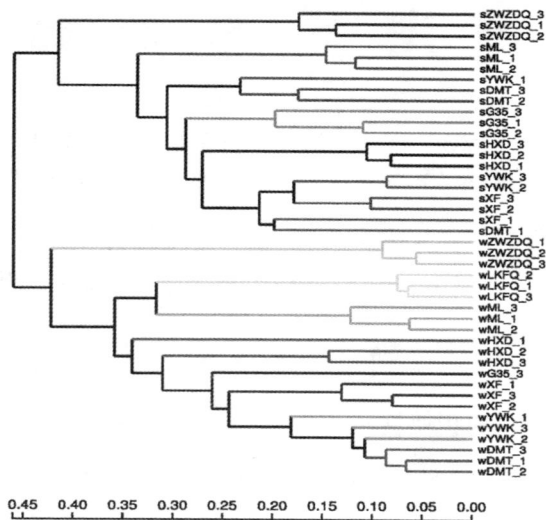

图 2-4-43　6 月份各断面水体和沉积物微生物群落聚类分析

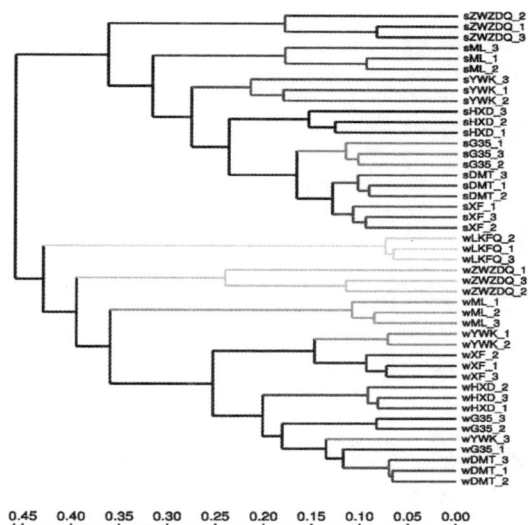

图 2-4-44 9 月份各断面水体和沉积物微生物群落聚类分析

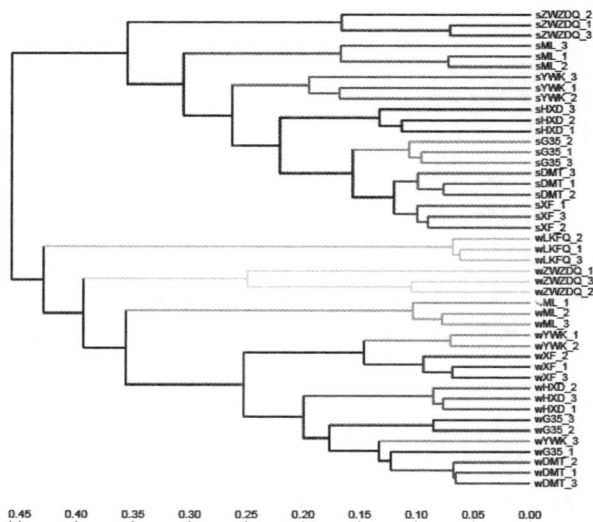

图 2-4-45 12 月份各断面水体和沉积物微生物群落聚类分析

PCoA 分析得到了与聚类分析类似的结论。其中，3 月份微生物群落 PCoA 分析结果显示，水体微生物与沉积物微生物表现出一定的空间分布差异：水体微生物群落组成在空间上有一定的连续性，但不同断面沉积物微生物群落组成则更加趋同（图 2-4-46）。

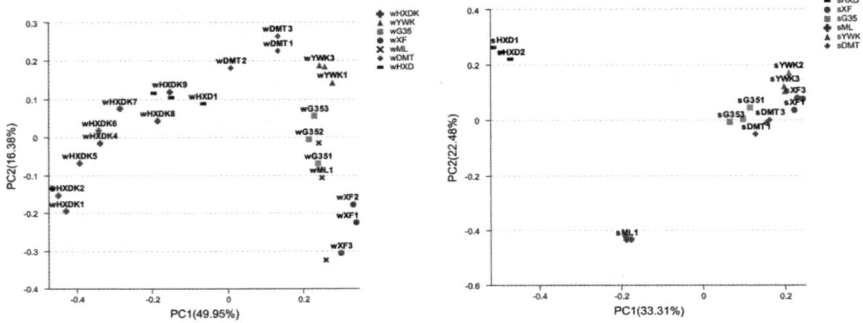

图 2-4-46　3 月份各断面水体和沉积物微生物群落 OTU 主坐标分析

彩图见附录。

组间距离值的中位数大于组内距离值的中位数,表明组间差异大于组内差异,见图 2-4-47 至图 2-4-50。

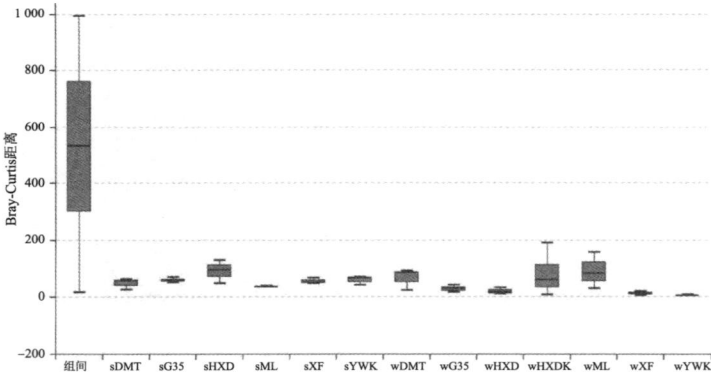

图 2-4-47　3 月份各断面水体和沉积物组内和组间微生物群落差异分析(OTU 水平)

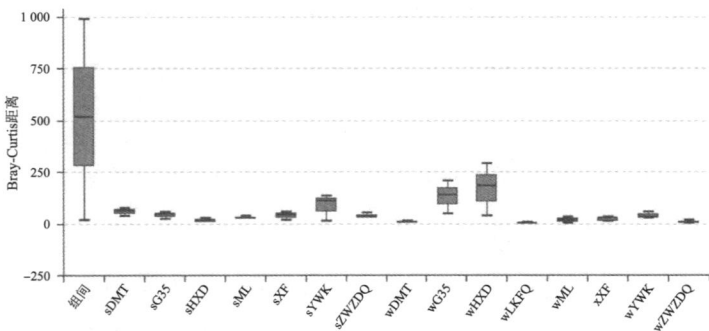

图 2-4-48　6 月份各断面水体和沉积物组内和组间微生物群落差异分析(OTU 水平)

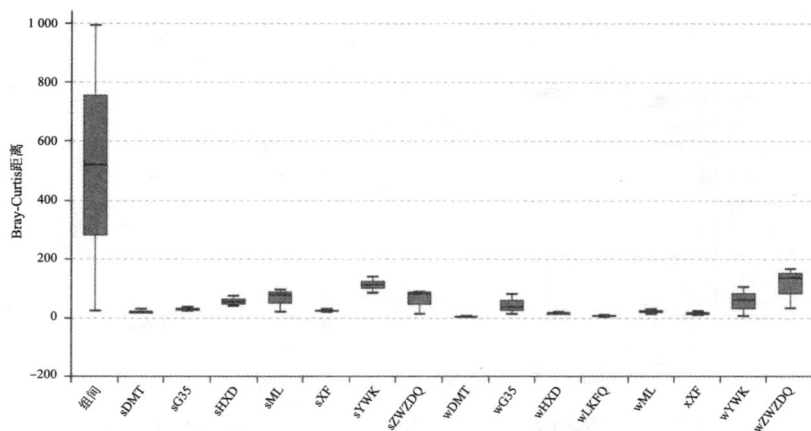

图 2-4-49　9 月份各断面水体和沉积物组内和组间微生物群落差异分析（OTU 水平）

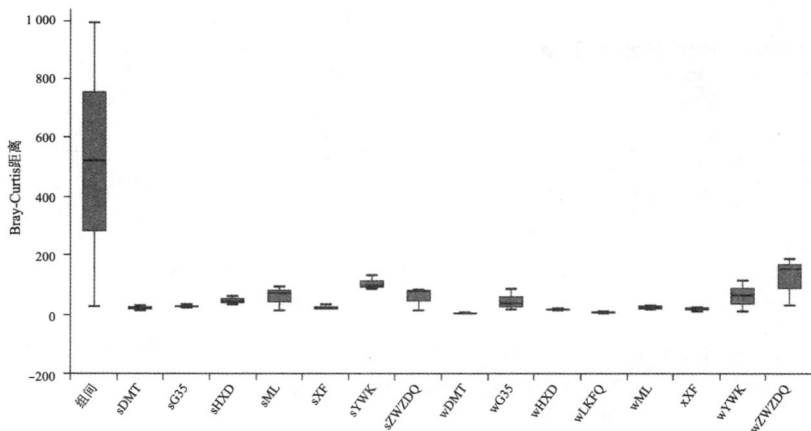

图 2-4-50　12 月份各断面水体和沉积物组内和组间微生物群落差异分析（OTU 水平）

七、指示微生物群分析

通过分析断面的环境指标，尤其是氨氮、总氮含量，睦里庄水质整体最好。本部分分析和环境因子相关性分析都以睦里庄为参考断面，从"门"这一分类阶元向"属"这一分类阶元，分析各断面间具有显著差异的微生物类群（图 2-4-51 至图 2-4-98）。

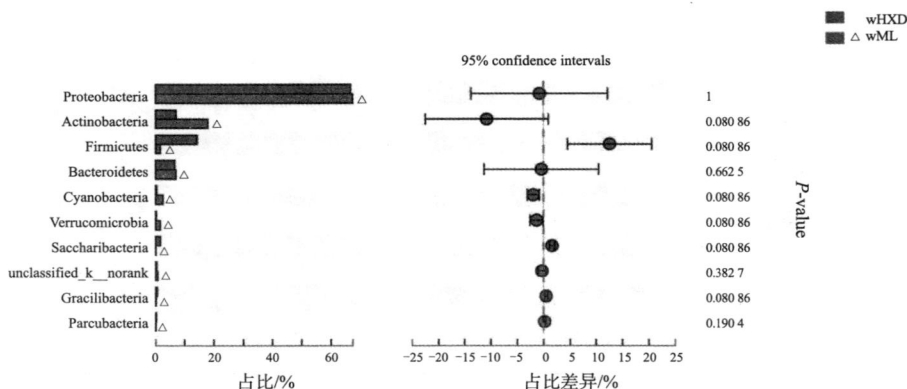

图 2-4-51　3 月份还乡店水体中丰度处于前 10 位的微生物类群与睦里庄水体中相应微生物
类群的占比差异

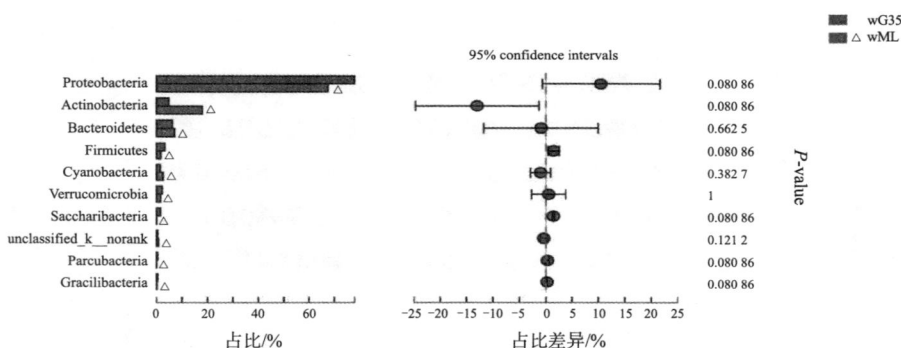

图 2-4-52　3 月份 G35 高速窄口水体中丰度处于前 10 位的微生物类群与睦里庄水体中相应
微生物类群的占比差异

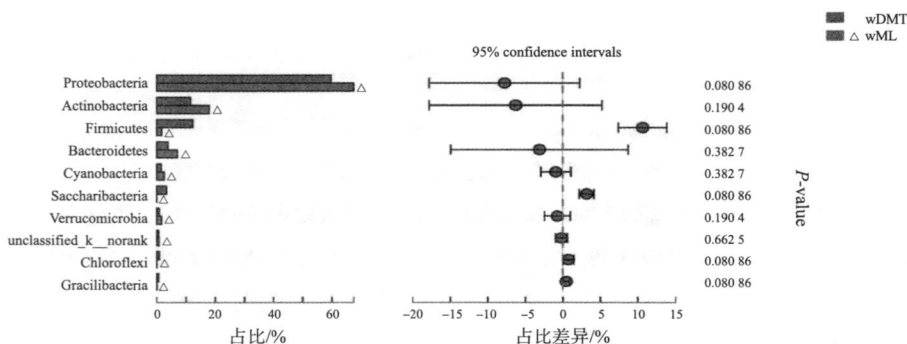

图 2-4-53　3 月份大码头水体中丰度处于前 10 位的微生物类群与睦里庄水体中相应微生物
类群的占比差异

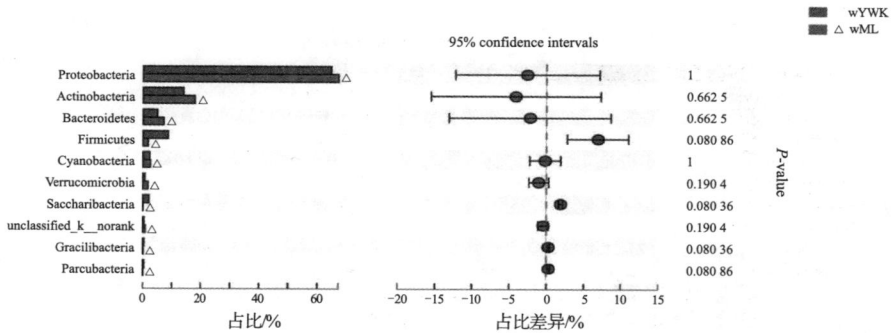

图 2-4-54　3 月份鸭旺口水体中丰度处于前 10 位的微生物类群与睦里庄水体中相应微生物
类群的占比差异

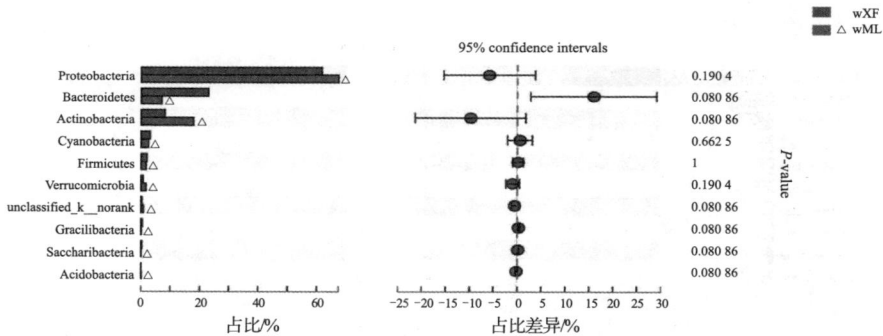

图 2-4-55　3 月份辛丰庄水体中丰度处于前 10 位的微生物类群与睦里庄水体中相应微生物
类群的占比差异

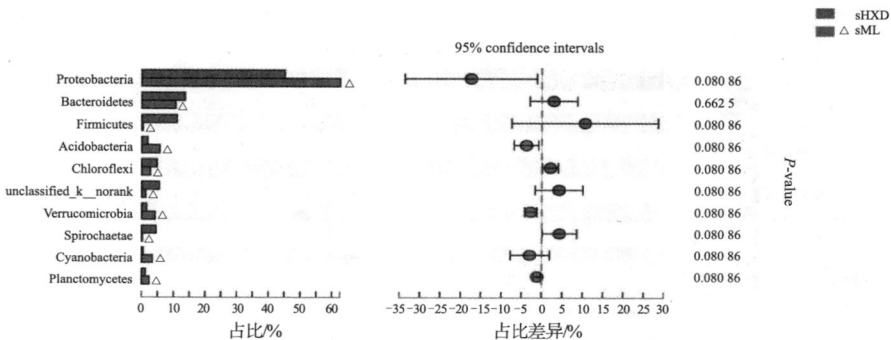

图 2-4-56　3 月份还乡店沉积物中丰度处于前 10 位的微生物类群与睦里庄沉积物中相应微
生物类群的占比差异

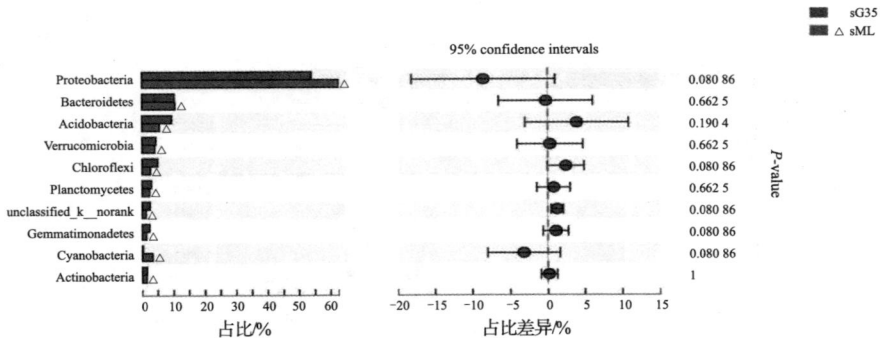

图 2-4-57　3 月份 G35 高速窄口沉积物中丰度处于前 10 位的微生物类群与睦里庄沉积物中相应微生物类群的占比差异

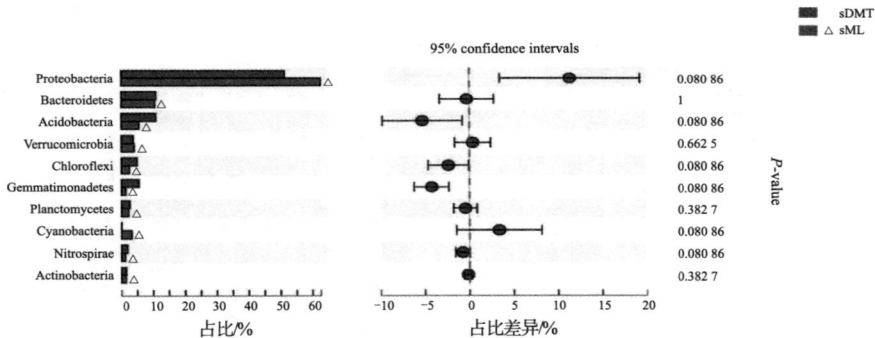

图 2-4-58　3 月份大码头沉积物中丰度处于前 10 位的微生物类群与睦里庄沉积物中相应微生物类群的占比差异

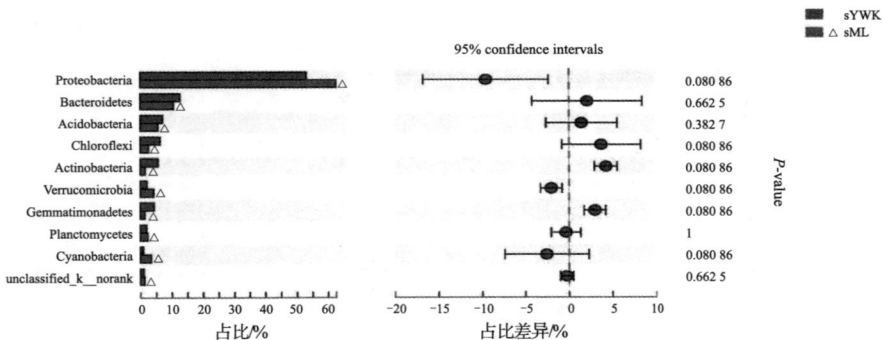

图 2-4-59　3 月份鸭旺口沉积物中丰度处于前 10 位的微生物类群与睦里庄沉积物中相应微生物类群的占比差异

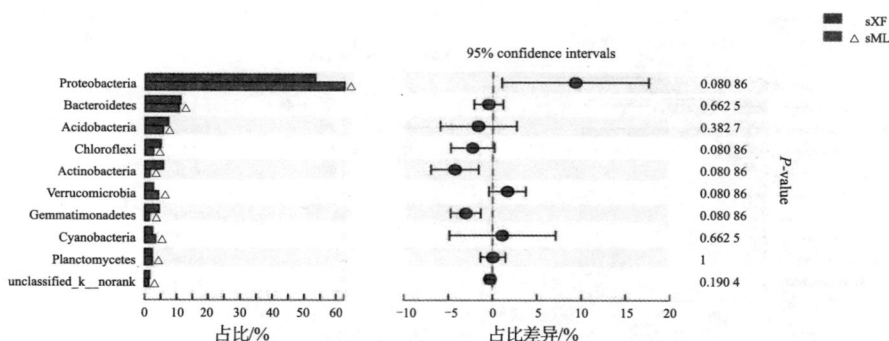

图 2-4-60　3 月份辛丰庄沉积物中丰度处于前 10 位的微生物类群与睦里庄沉积物中相应微生物类群的占比差异

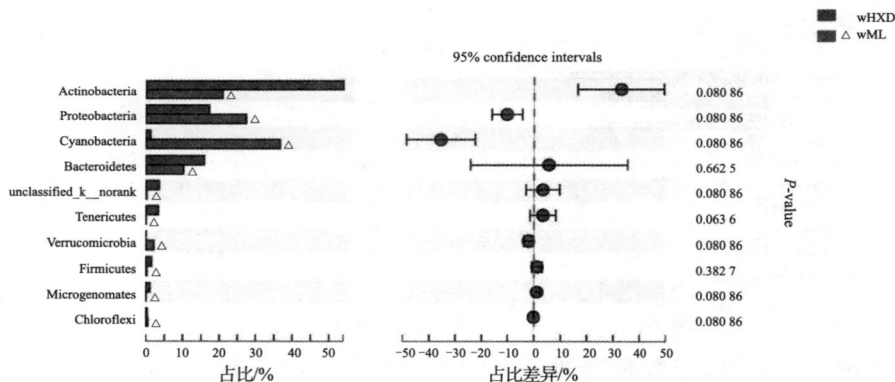

图 2-4-61　6 月份还乡店水体中丰度处于前 10 位的微生物类群与睦里庄水体中相应微生物类群的占比差异

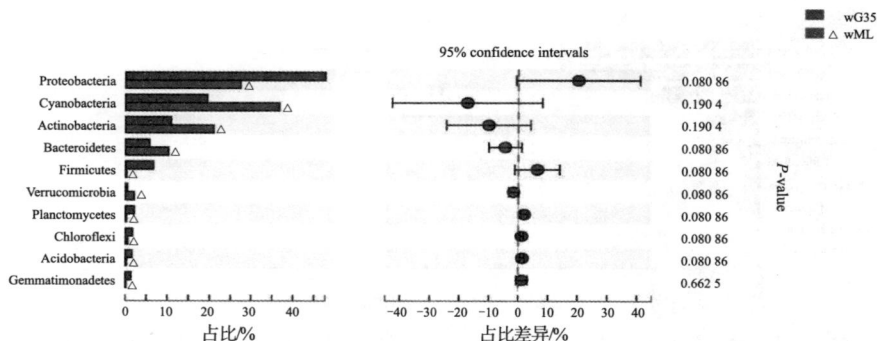

图 2-4-62　6 月份 G35 高速窄口水体中丰度处于前 10 位的微生物类群与睦里庄水体中相应微生物类群的占比差异

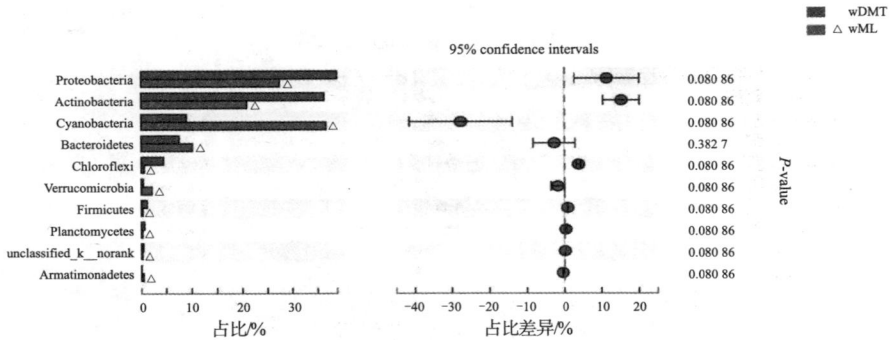

图 2-4-63　6 月份大码头水体中丰度处于前 10 位的微生物类群与睦里庄水体中相应微生物
类群的占比差异

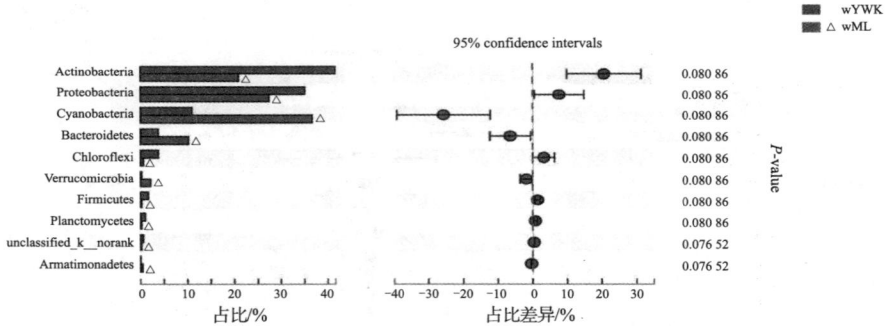

图 2-4-64　6 月份鸭旺口水体中丰度处于前 10 位的微生物类群与睦里庄水体中相应微生物
类群的占比差异

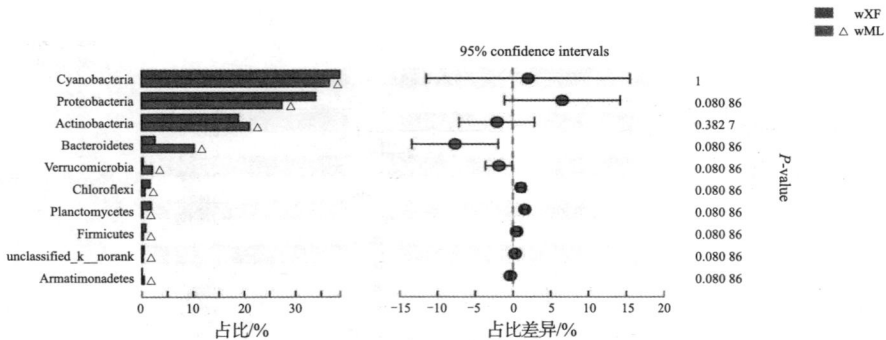

图 2-4-65　6 月份辛丰庄水体中丰度处于前 10 位的微生物类群与睦里庄水体中相应微生物
类群的占比差异

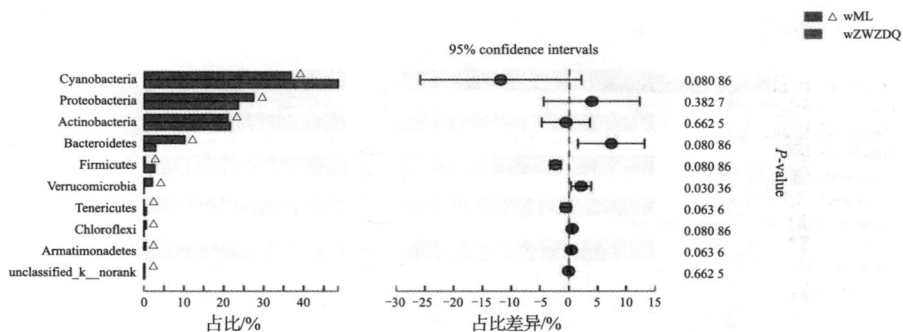

图 2-4-66 6 月份玉符河周王庄大桥水体中丰度处于前 10 位的微生物类群与睦里庄水体中相应微生物类群的占比差异

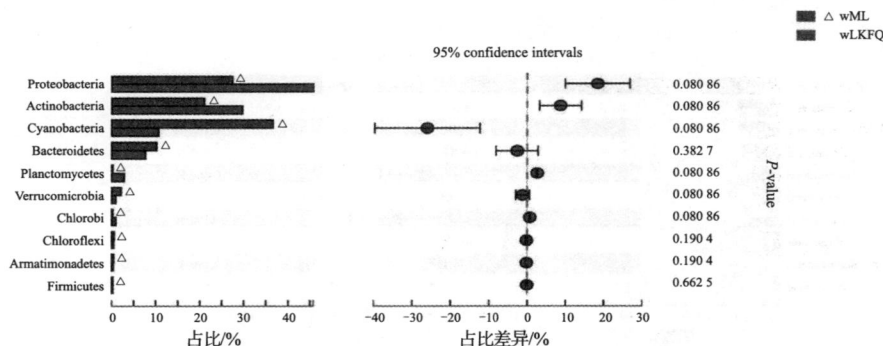

图 2-4-67 6 月份黄河泺口浮桥水体中丰度处于前 10 位的微生物类群与睦里庄水体中相应微生物类群的占比差异

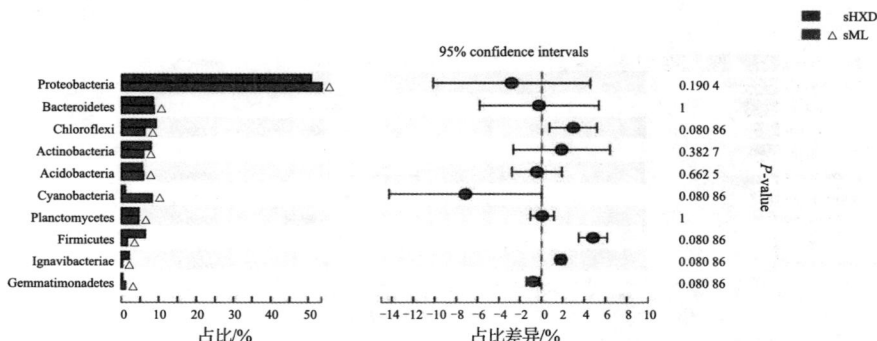

图 2-4-68 6 月份还乡店沉积物中丰度处于前 10 位的微生物类群与睦里庄沉积物中相应微生物类群的占比差异

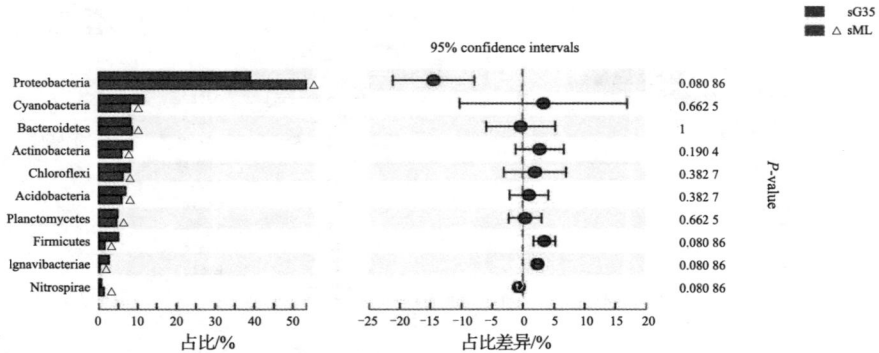

图 2-4-69　6 月份 G35 高速窄口沉积物中丰度处于前 10 位的微生物类群与睦里庄沉积物中相应微生物类群的占比差异

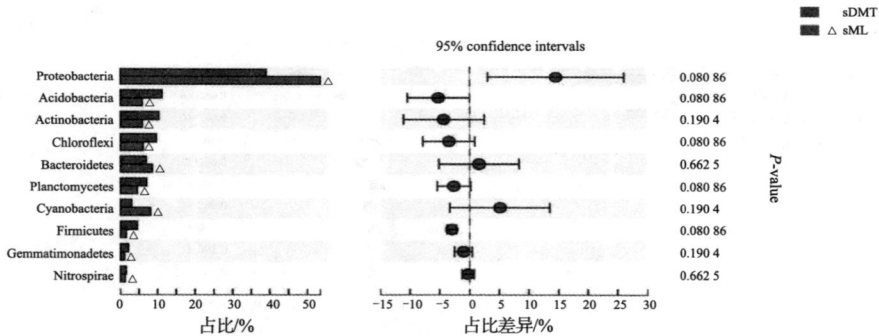

图 2-4-70　6 月份大码头沉积物中丰度处于前 10 位的微生物类群与睦里庄沉积物中相应微生物类群的占比差异

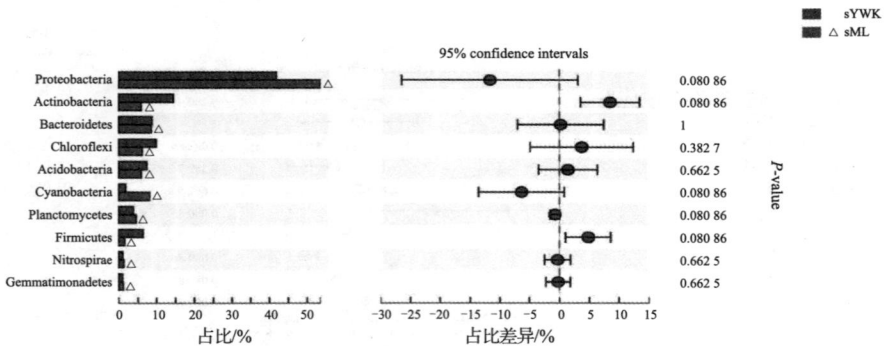

图 2-4-71　6 月份鸭旺口沉积物中丰度处于前 10 位的微生物类群与睦里庄沉积物中相应微生物类群的占比差异

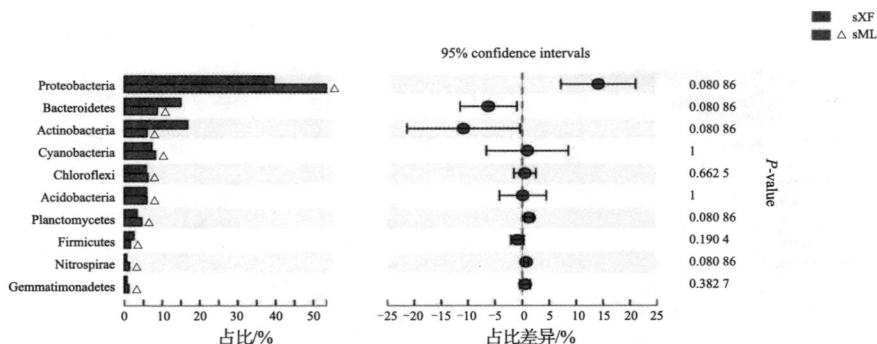

图 2-4-72　6 月份辛丰庄沉积物中丰度处于前 10 位的微生物类群与睦里庄沉积物中相应微生物类群的占比差异

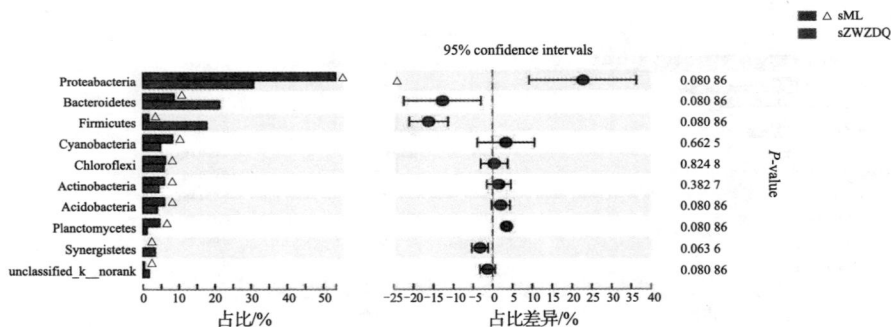

图 2-4-73　6 月份玉符河周王庄大桥沉积物中丰度处于前 10 位的微生物类群与睦里庄沉积物中相应微生物类群的占比差异

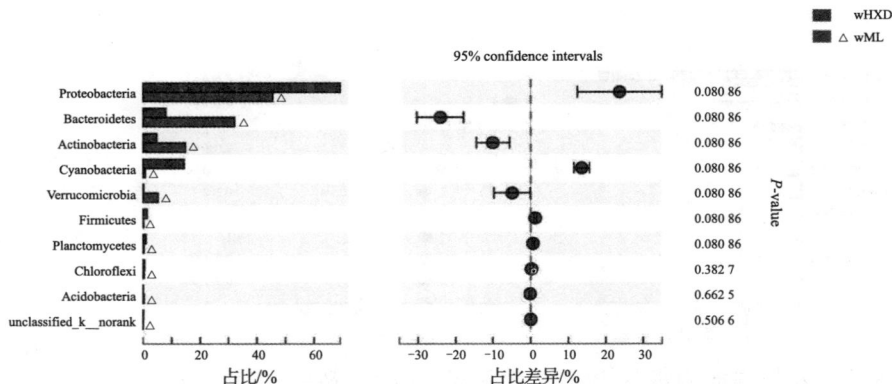

图 2-4-74　9 月份还乡店水体中丰度处于前 10 位的微生物类群与睦里庄水体中相应微生物类群的占比差异

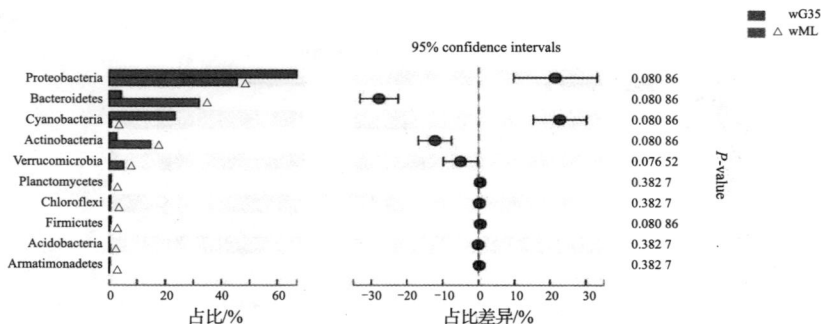

图 2-4-75　9 月份 G35 高速窄口水体中丰度处于前 10 位的微生物类群与睦里庄水体中相应微生物类群的占比差异

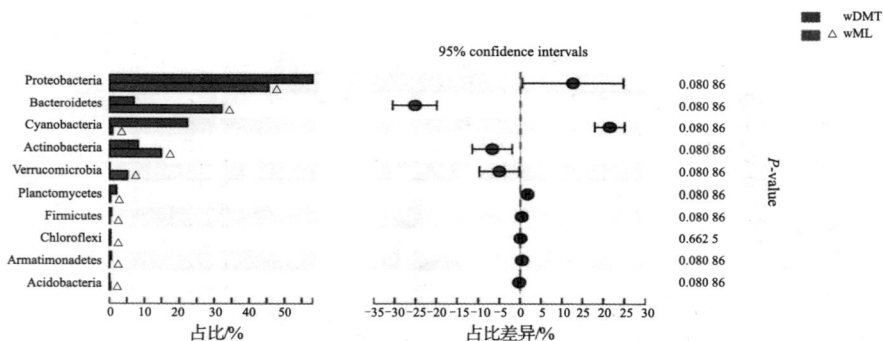

图 2-4-76　9 月份大码头水体中丰度处于前 10 位的微生物类群与睦里庄水体中相应微生物类群的占比差异

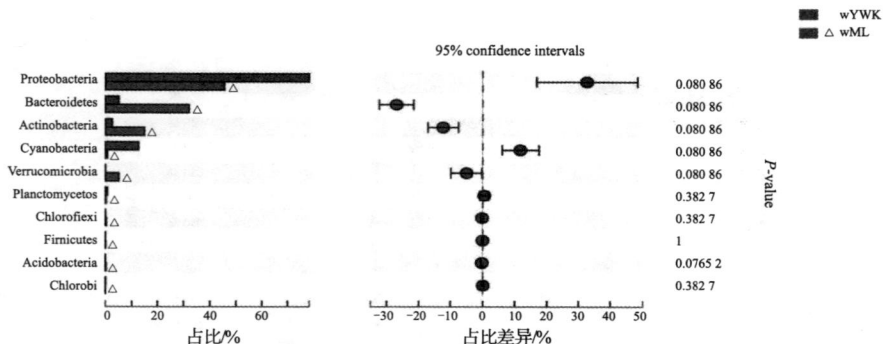

图 2-4-77　9 月份鸭旺口水体中丰度处于前 10 位的微生物类群与睦里庄水体中相应微生物类群的占比差异

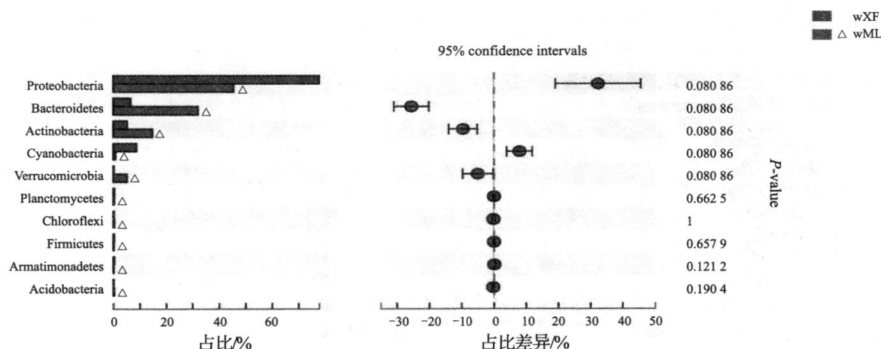

图 2-4-78　9 月份辛丰庄水体中丰度处于前 10 位的微生物类群与睦里庄水体中相应微生物类群的占比差异

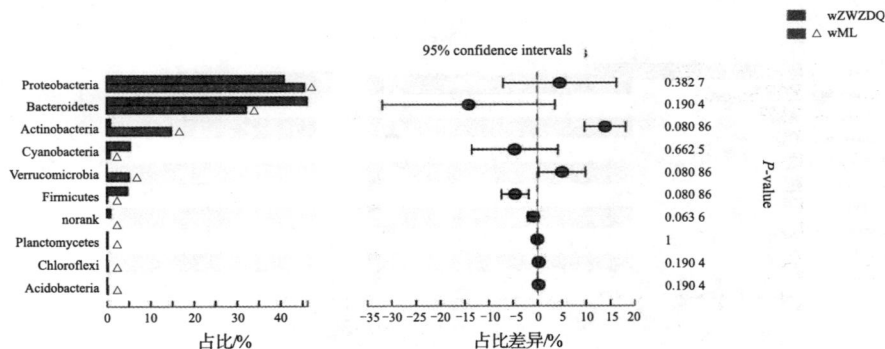

图 2-4-79　9 月份玉符河周王庄大桥水体中丰度处于前 10 位的微生物类群与睦里庄水体中相应微生物类群的占比差异

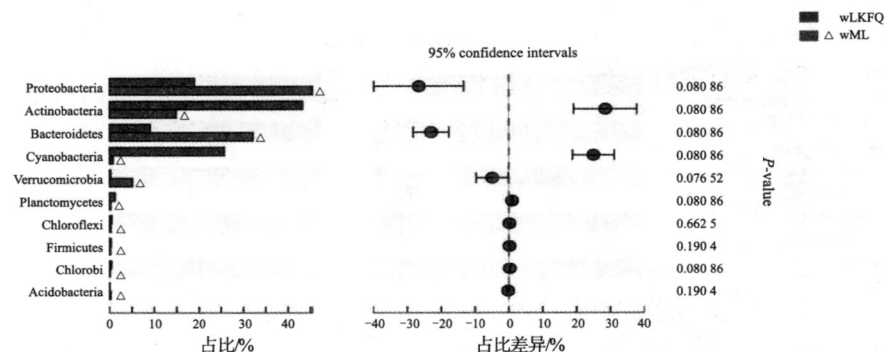

图 2-4-80　9 月份黄河泺口浮桥水体中丰度处于前 10 位的微生物类群与睦里庄水体中相应微生物类群的占比差异

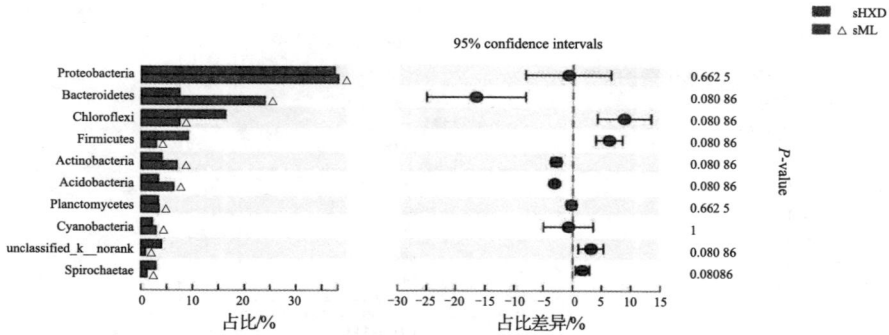

图 2-4-81　9 月份还乡店沉积物中丰度处于前 10 位的微生物类群与睦里庄沉积物中相应微生物类群的占比差异

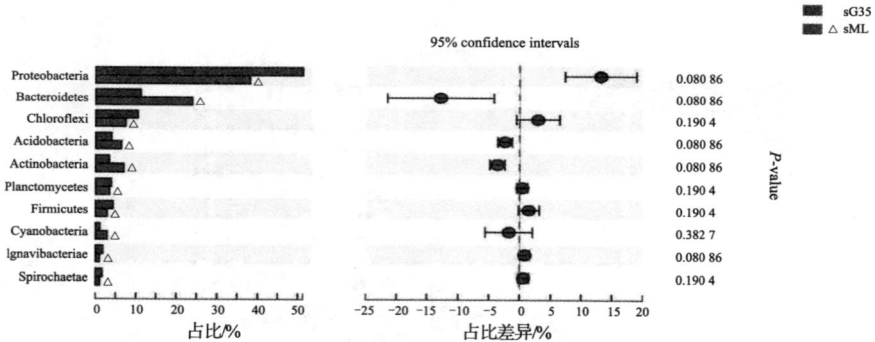

图 2-4-82　9 月份 G35 高速窄口沉积物中丰度处于前 10 位的微生物类群与睦里庄沉积物中相应微生物类群的占比差异

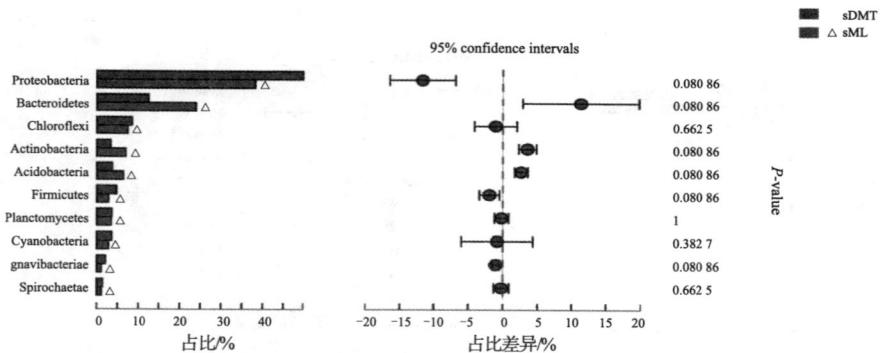

图 2-4-83　9 月份大码头沉积物中丰度处于前 10 位的微生物类群与睦里庄沉积物中相应微生物类群的占比差异

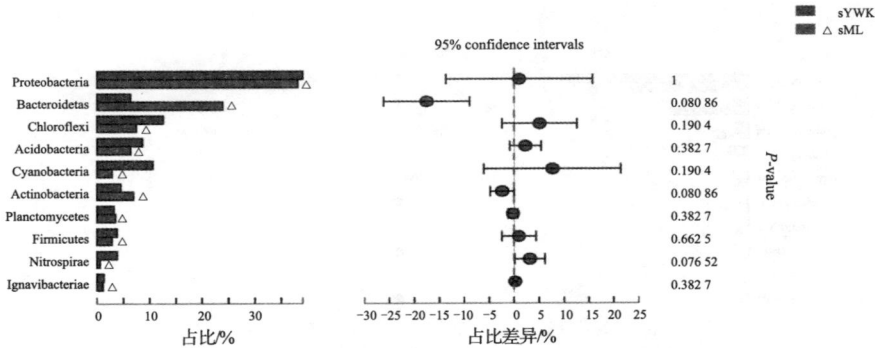

图 2-4-84　9 月份鸭旺口沉积物中丰度处于前 10 位的微生物类群与睦里庄沉积物中相应微生物类群的占比差异

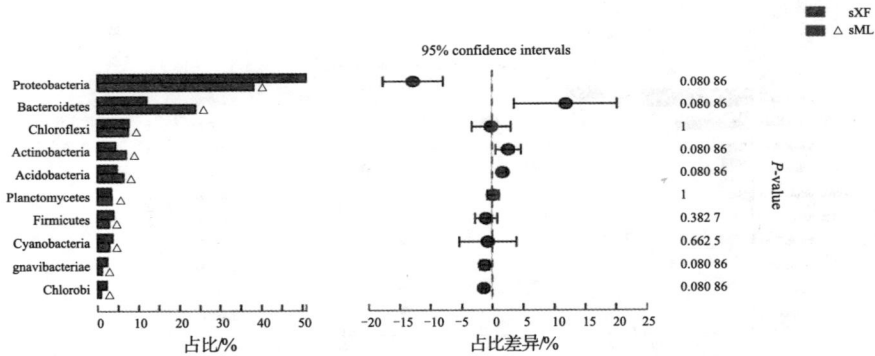

图 2-4-85　9 月份辛丰庄沉积物中丰度处于前 10 位的微生物类群与睦里庄沉积物中相应微生物类群的占比差异

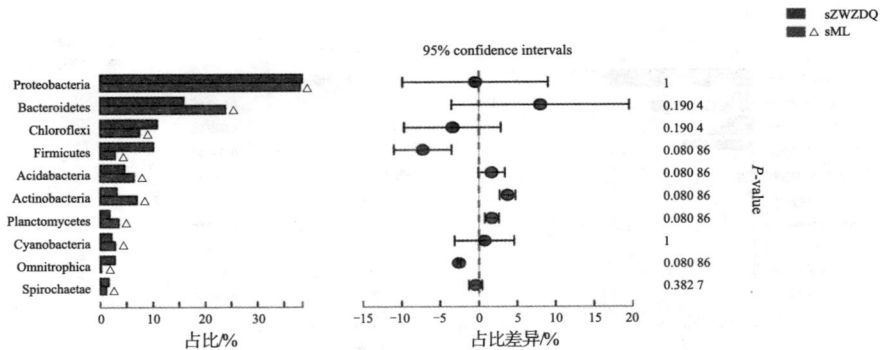

图 2-4-86　9 月份玉符河周王庄大桥沉积物中丰度处于前 10 位的微生物类群与睦里庄沉积物中相应微生物类群的占比差异

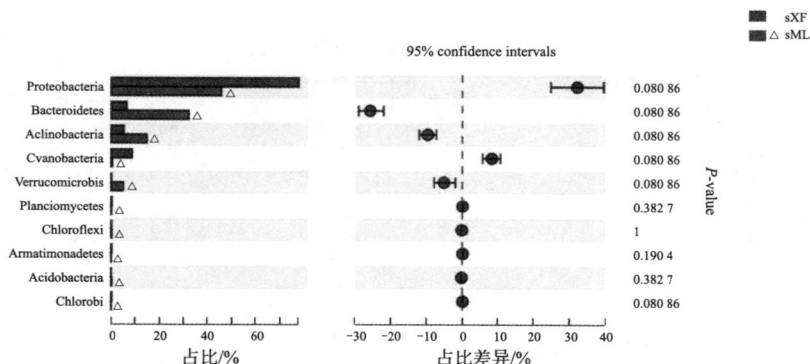

图 2-4-87　12 月份辛丰庄水体中丰度处于前 10 位的微生物类群与睦里庄水体中相应微生物类群的占比差异

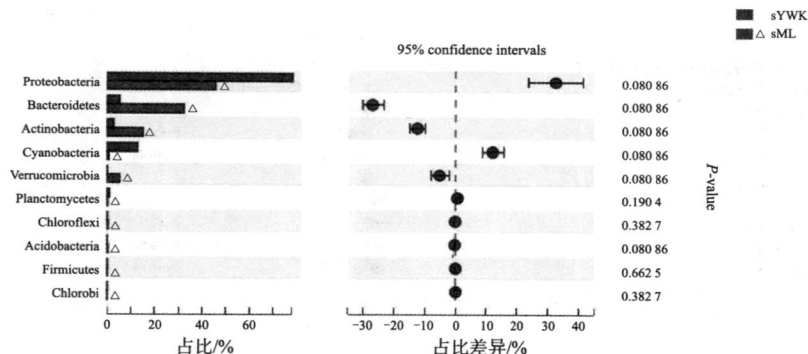

图 2-4-88　12 月份鸭旺口水体中丰度处于前 10 位的微生物类群与睦里庄水体中相应微生物类群的占比差异

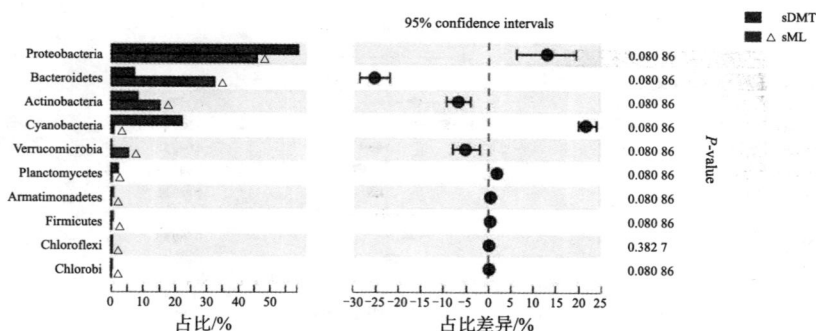

图 2-4-89　12 月份大码头水体中丰度处于前 10 位的微生物类群与睦里庄水体中相应微生物类群的占比差异

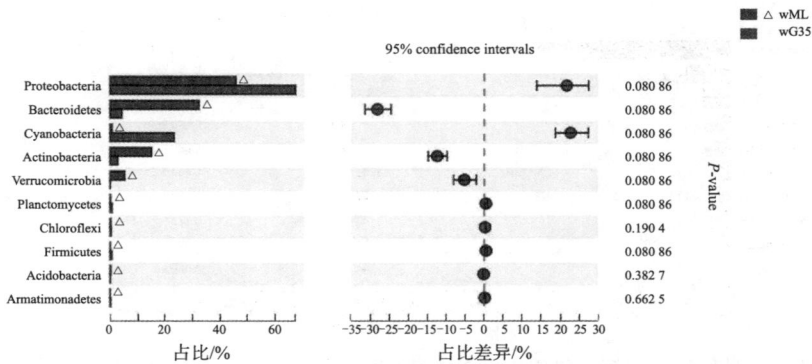

图 2-4-90　12 月份 G35 高速窄口水体中风度处于前 10 位的微生物类群与睦里庄水体中相应微生物类群的占比差异

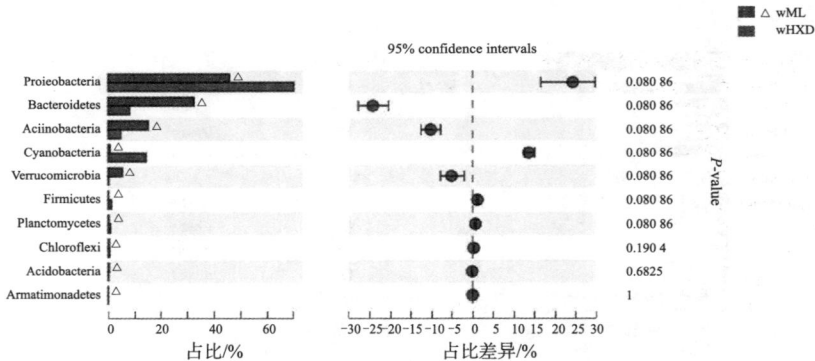

图 2-4-91　12 月份还乡店水体中丰度处于前 10 位的微生物类群与睦里庄水体中相应微生物类群的占比差异

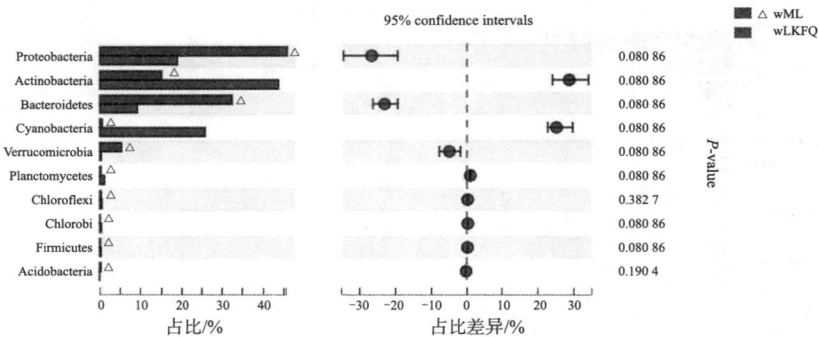

图 2-4-92　12 月份黄河泺口浮桥水体中丰度处于前 10 位的微生物类群与睦里庄水体中相应微生物类群的占比差异

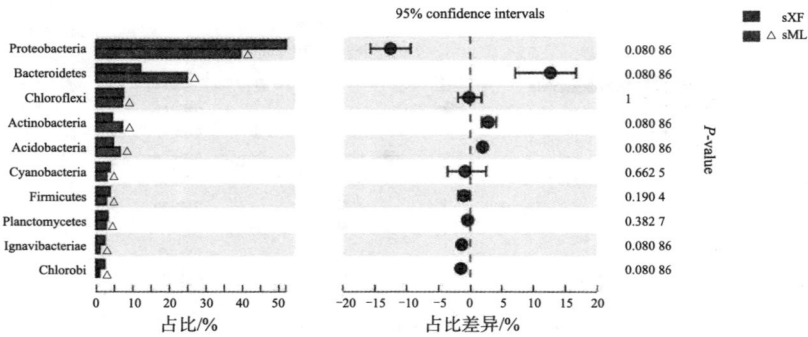

图 2-4-93　12 月份辛丰庄沉积物中丰度处于前 10 位的微生物类群与睦里庄沉积物中相应微生物类群的占比差异

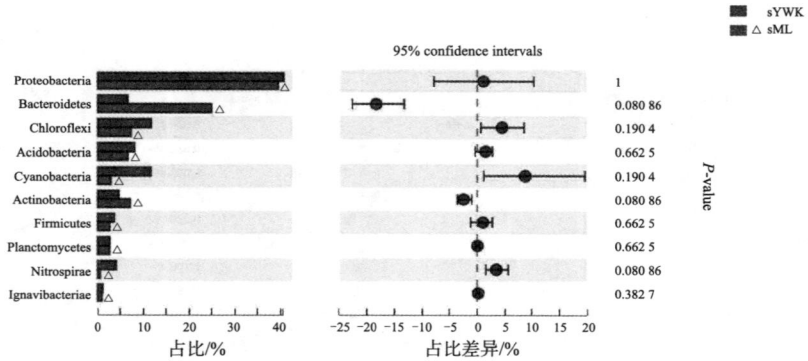

图 2-4-94　12 月份鸭旺口沉积物中丰度处于前 10 位的微生物类群与睦里庄沉积物中相应微生物类群的占比差异

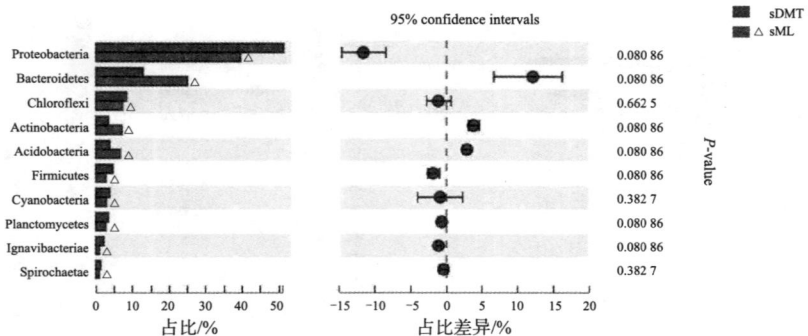

图 2-4-95　12 月份大码头沉积物中丰度处于前 10 位的微生物类群与睦里庄沉积物中相应微生物类群的占比差异

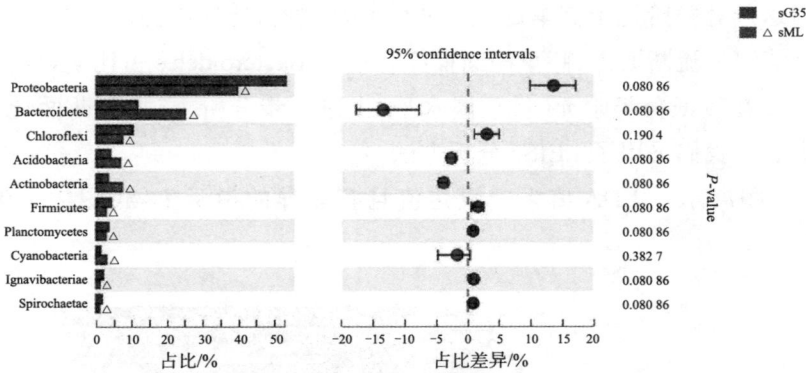

图 2-4-96　12 月份 G35 高速窄口沉积物中丰度处于前 10 位的微生物类群与睦里庄沉积物中相应微生物类群的占比差异

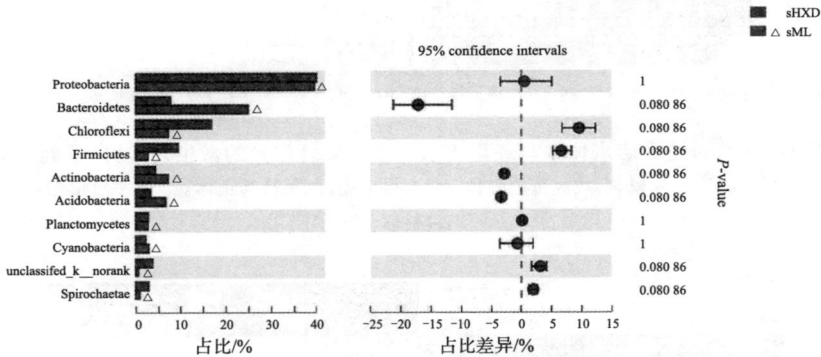

图 2-4-97　12 月份还乡店沉积物中丰度处于前 10 位的微生物类群与睦里庄沉积物中相应微生物类群的占比差异

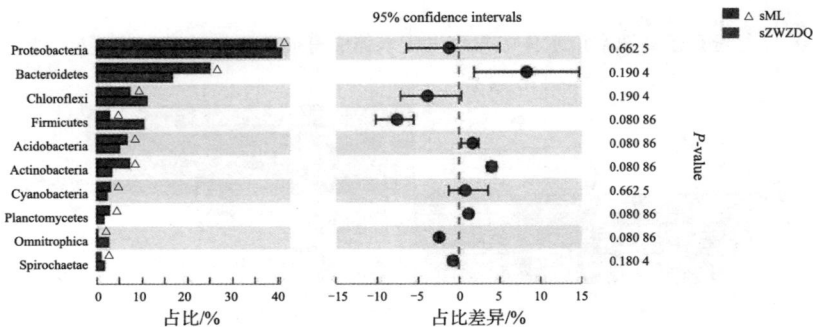

图 2-4-98　12 月份玉符河周王庄大桥沉积物中丰度处于前 10 位的微生物类群与睦里庄沉积物中相应微生物类群的占比差异

在门这一分类阶元上高丰度（前 10 位）微生物占比在断面间没有显著差异。但是在小清河干流断面上，睦里庄断面拟杆菌门 Bacteroidetes 占比明显高于其他断面。需要在较低分类阶元（目至属水平）上进一步分析，寻找各断面特异性的微生物类群。我们采用了 LEfSe 分析方法。

LEfSe 图展示了 LDA 值大于设定值且有差异的指示生物（图 2-4-99 至图 2-4-147）。

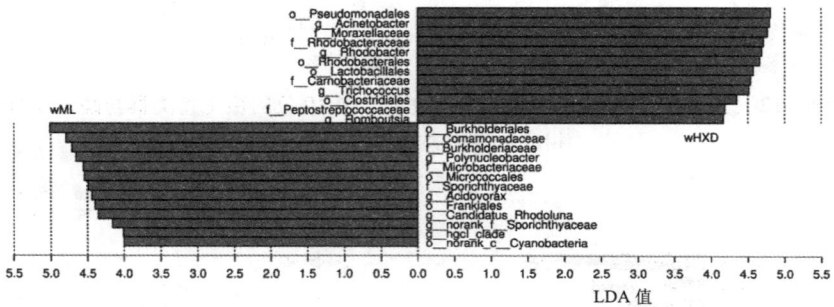

图 2-4-99　3 月份还乡店水体中与睦里庄水体中有显著差异的微生物类群（目到属水平）

字母"g"标识后的拉丁文为属名，按规范应斜体。此为机出图，故保持其正体貌。本书机出图皆如此处理，不再赘述。

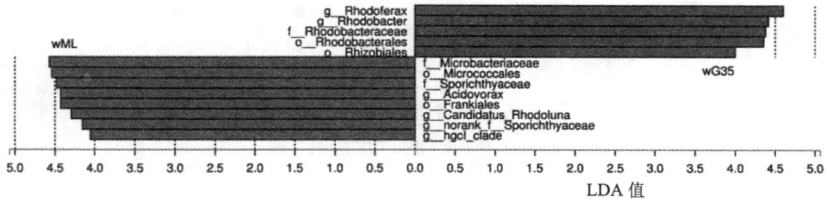

图 2-4-100　3 月份 G35 高速窄口水体中与睦里庄水体中有显著差异的微生物类群（目到属水平）

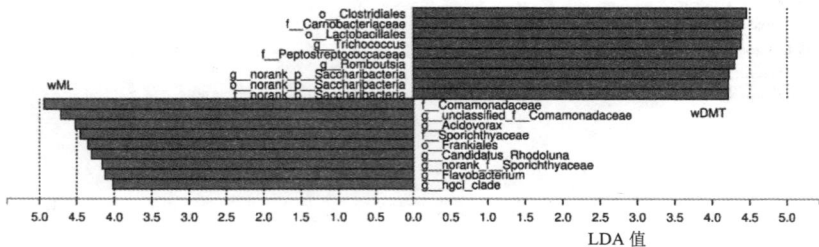

图 2-4-101　3 月份大码头水体中与睦里庄水体中有显著差异的微生物类群（目到属水平）

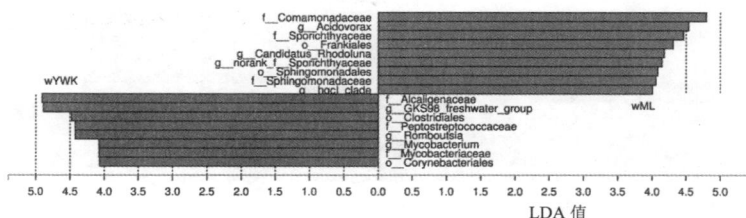

图 2-4-102 3月份鸭旺口水体中与睦里庄水体中有显著差异的微生物类群（目到属水平）

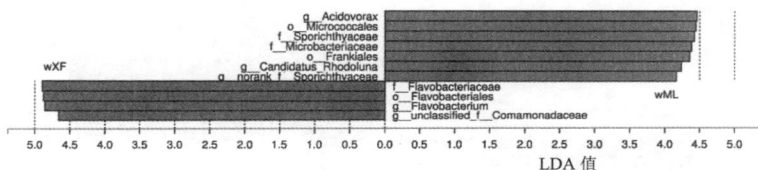

图 2-4-103 3月份辛丰庄水体中与睦里庄水体中有显著差异的微生物类群（目到属水平）

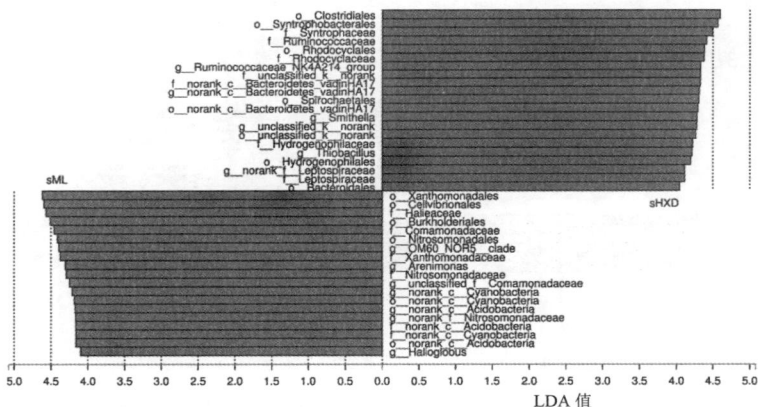

图 2-4-104 3月份还乡店沉积物中与睦里庄沉积物中有显著差异的微生物类群（目到属水平）

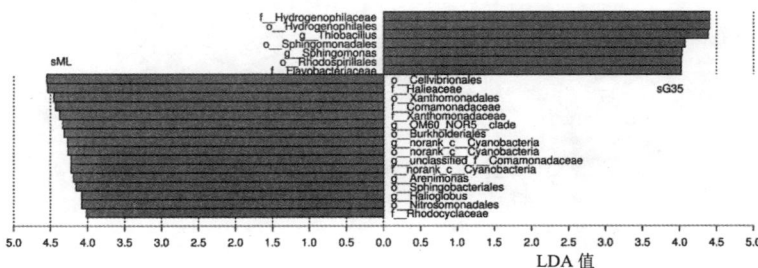

图 2-4-105 3月份G35高速窄口沉积物中与睦里庄沉积物中有显著差异的微生物类群（目到属水平）

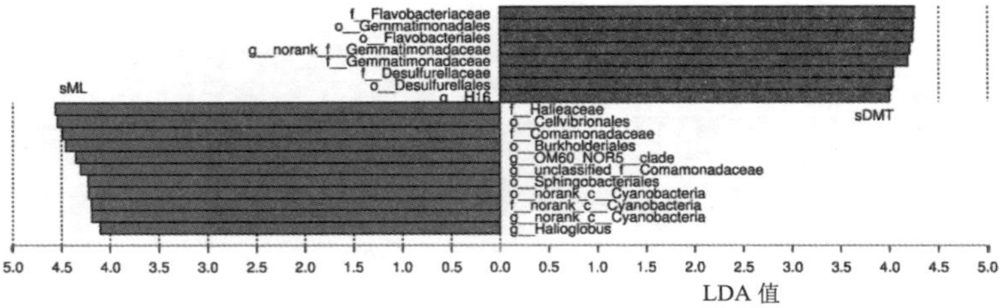

图 2-4-106　3月份大码头沉积物中与睦里庄沉积物中有显著差异的微生物类群(目到属水平)

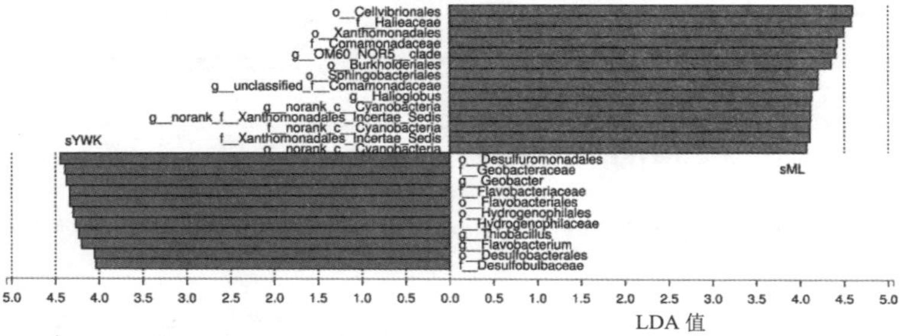

图 2-4-107　3月份鸭旺口沉积物中与睦里庄沉积物中有显著差异的微生物类群(目到属水平)

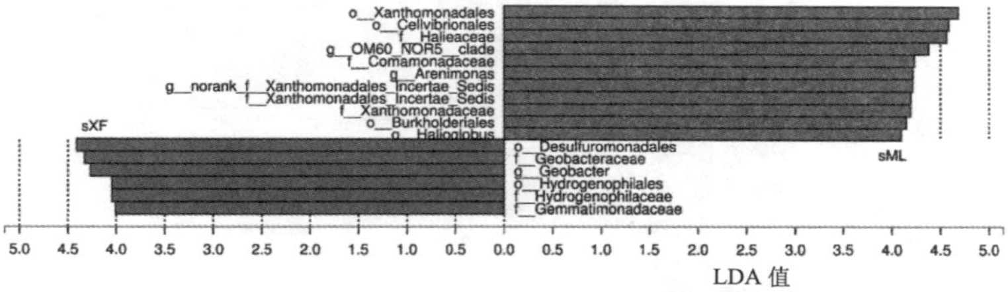

图 2-4-108　3月份辛丰庄沉积物中与睦里庄沉积物中有显著差异的微生物类群(目到属水平)

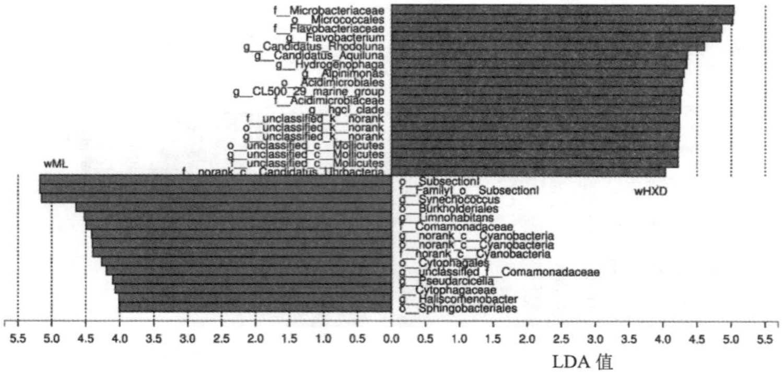

图 2-4-109　6月份还乡店水体中与睦里庄水体中有显著差异的微生物类群(目到属水平)

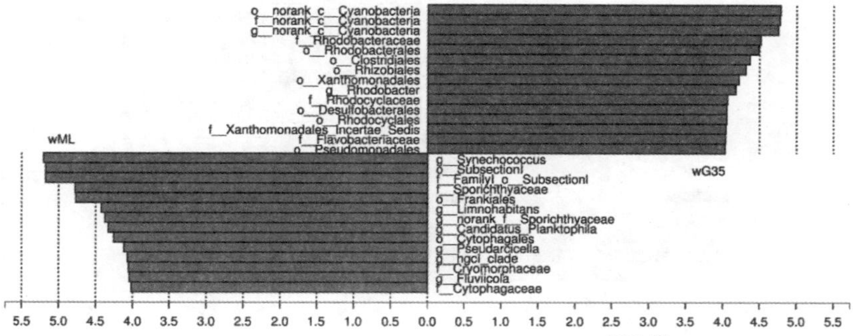

图 2-4-110　6月份 G35 高速窄口水体中与睦里庄水体中有显著差异的微生物类群（目到属水平）

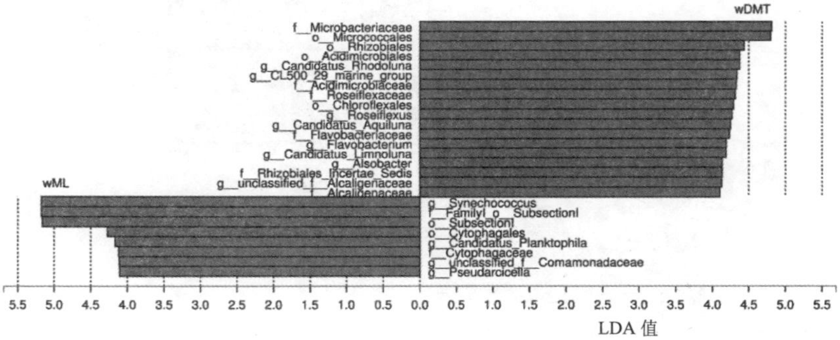

图 2-4-111　6月份大码头水体中与睦里庄水体中有显著差异的微生物类群（目到属水平）

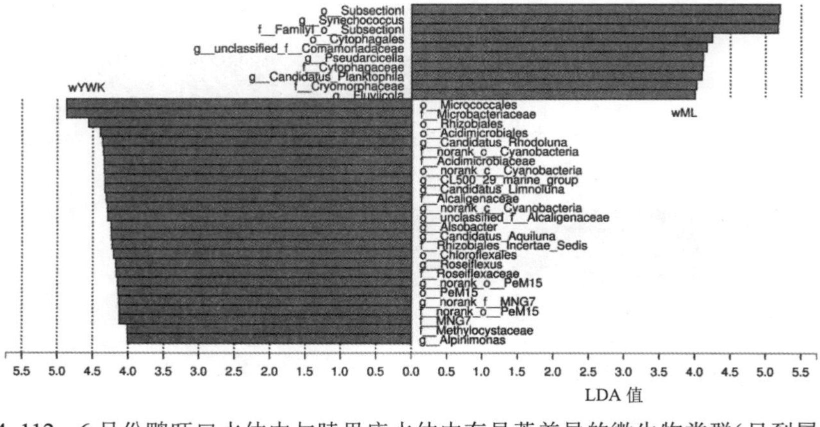

图 2-4-112　6月份鸭旺口水体中与睦里庄水体中有显著差异的微生物类群（目到属水平）

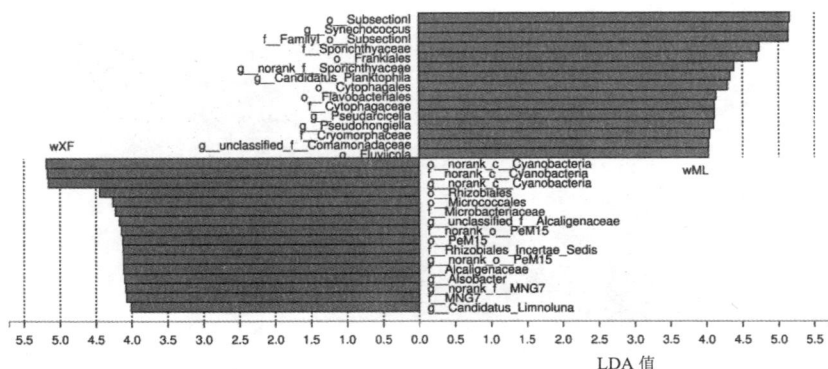

图 2-4-113　6 月份辛丰庄水体中与睦里庄水体中有显著差异的微生物类群（目到属水平）

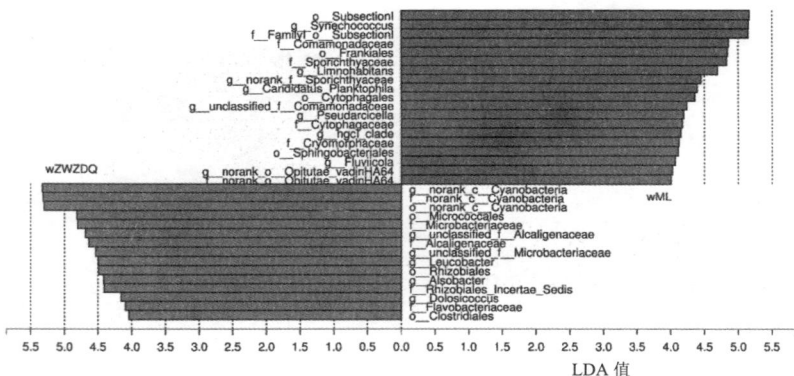

图 2-4-114　6 月份玉符河周王庄大桥水体中与睦里庄水体中有显著差异的微生物类群（目到属水平）

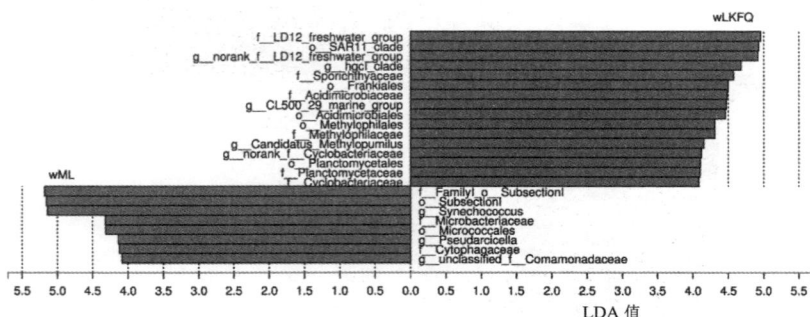

图 2-4-115　6 月份黄河泺口浮桥水体中与睦里庄水体中有显著差异的微生物类群（目到属水平）

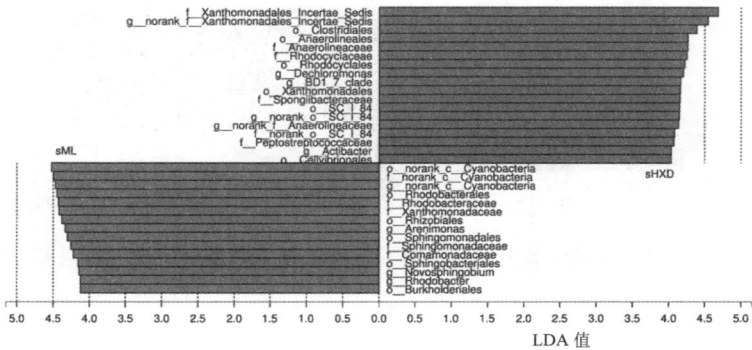

图2-4-116 6月份还乡店沉积物中与睦里庄沉积物中有显著差异的微生物类群（目到属水平）

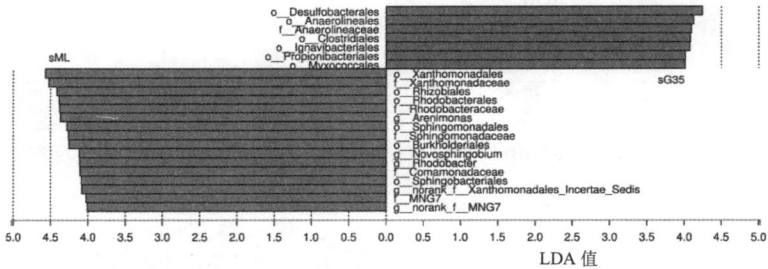

图2-4-117 6月份G35高速窄口沉积物中与睦里庄沉积物中有显著差异的微生物类群（目到属水平）

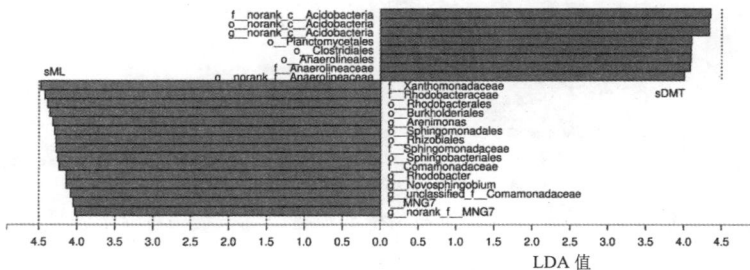

图2-4-118 6月份大码头沉积物中与睦里庄沉积物中有显著差异的微生物类群（目到属水平）

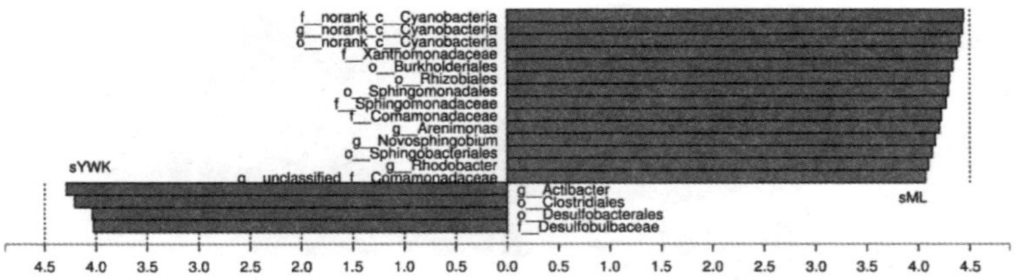

图 2-4-119　6 月份鸭旺口沉积物中与睦里庄沉积物中有显著差异的微生物类群(目到属水平)

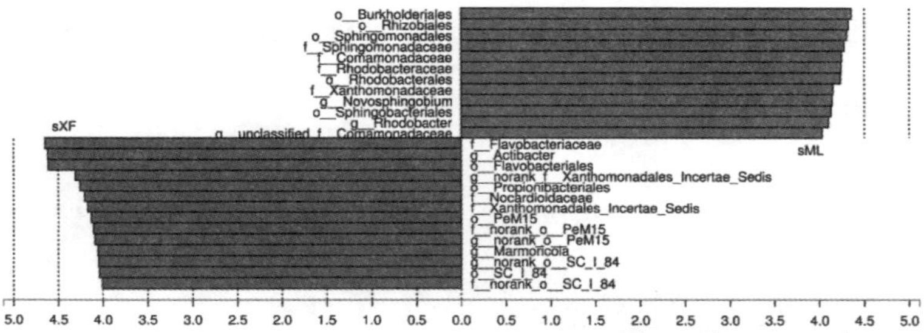

图 2-4-120　6 月份辛丰庄沉积物中与睦里庄沉积物中有显著差异的微生物类群(目到属水平)

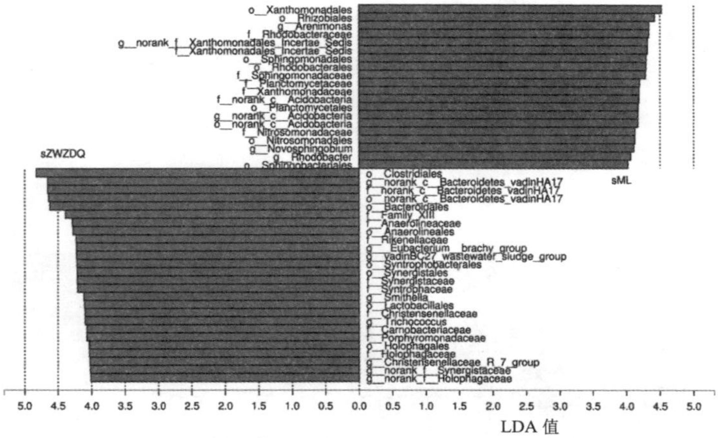

图 2-4-121　6 月份玉符河周王庄大桥沉积物中与睦里庄沉积物中有显著差异的微生物类群
(目到属水平)

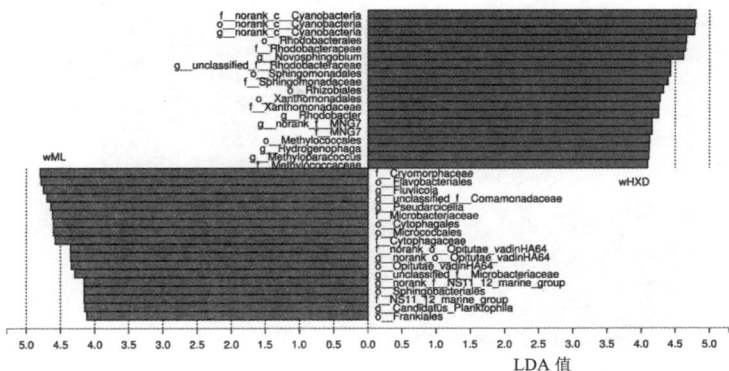

图 2-4-122　9 月份还乡店水体中与睦里庄水体中有显著差异的微生物类群（目到属水平）

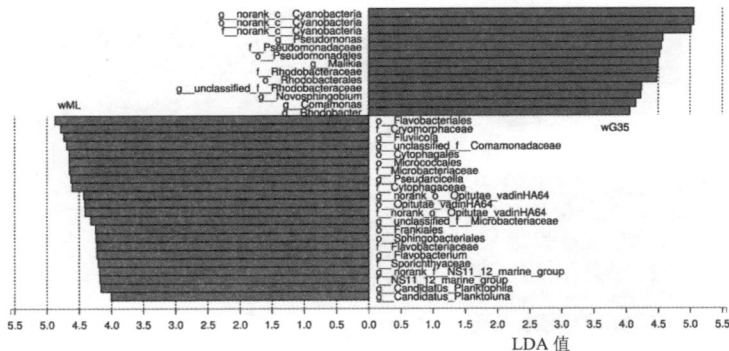

图 2-4-123　9 月份 G35 高速窄口水体中与睦里庄水体中有显著差异的微生物类群（目到属水平）

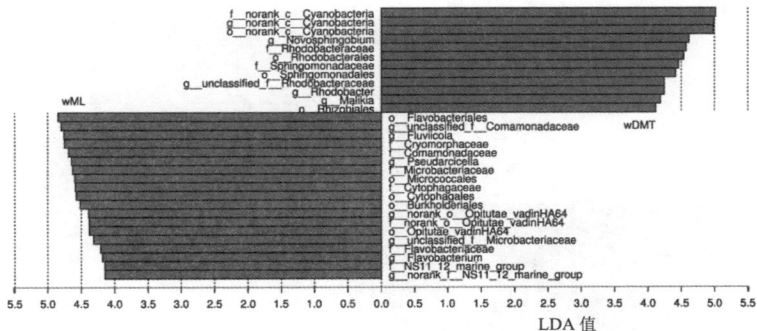

图 2-4-124　9 月份大码头水体中与睦里庄水体中有显著差异的微生物类群（目到属水平）

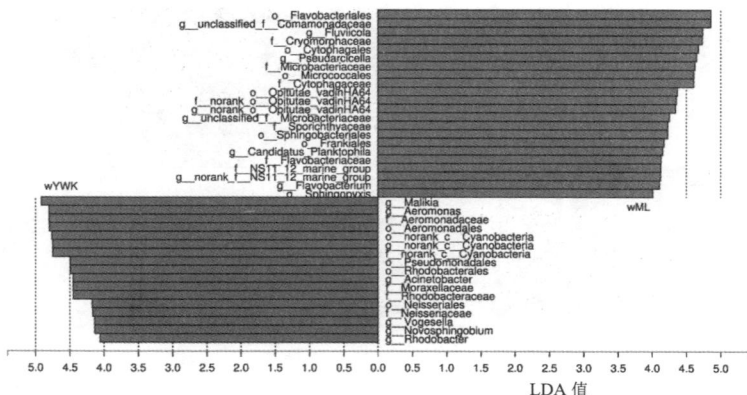

图 2-4-125　9 月份鸭旺口水体中与睦里庄水体中有显著差异的微生物类群（目到属水平）

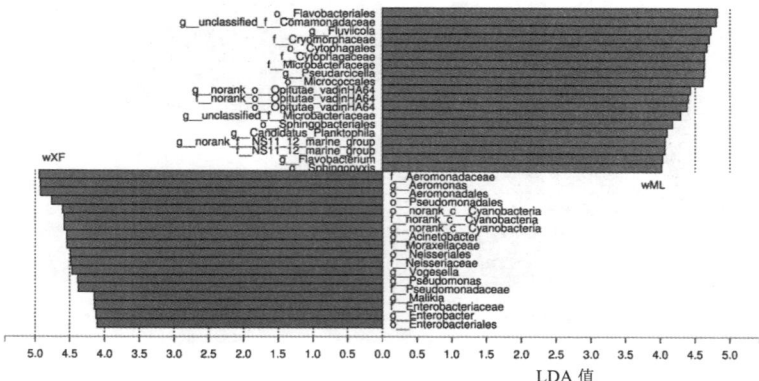

图 2-4-126　9 月份辛丰庄水体中与睦里庄水体中有显著差异的微生物类群（目到属水平）

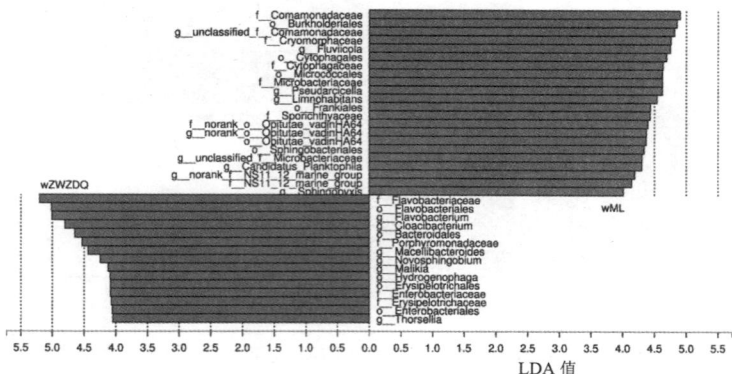

图 2-4-127　9 月份玉符河周王庄大桥水体中与睦里庄水体中有显著差异的微生物类群
（目到属水平）

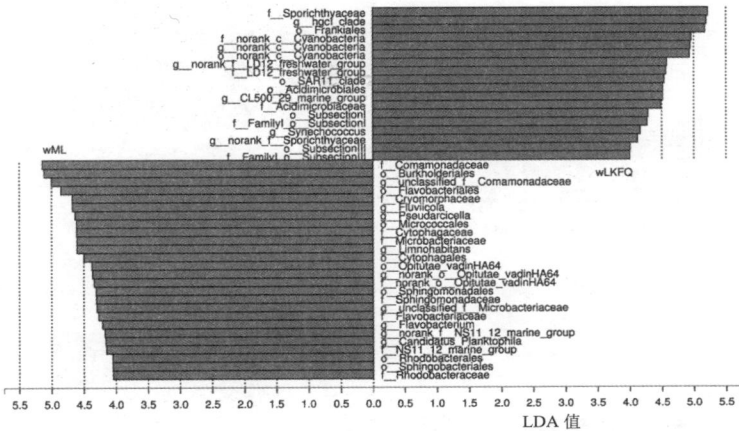

图 2-4-128　9 月份黄河泺口浮桥水体中与睦里庄水体中有显著差异的微生物类群
（目到属水平）

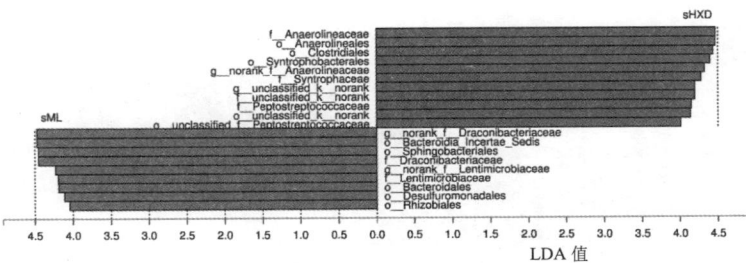

图 2-4-129　9 月份还乡店沉积物中与睦里庄沉积物中有显著差异的微生物类群
（目到属水平）

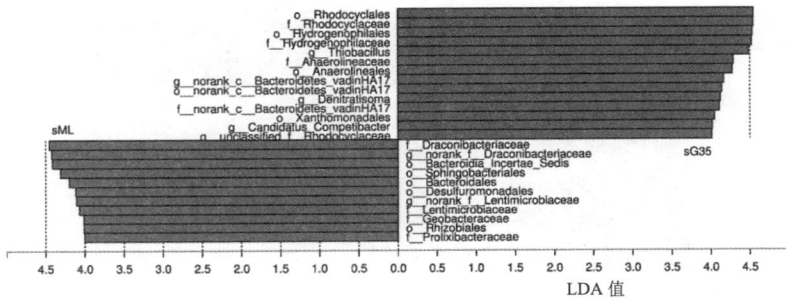

图 2-4-130　9 月份 G35 高速窄口沉积物中与睦里庄沉积物中有显著差异的微生物类群
（目到属水平）

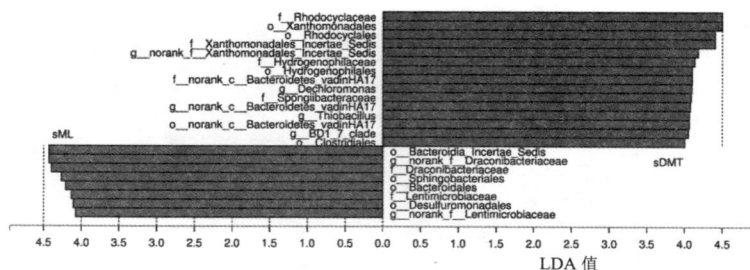

图 2-4-131　9 月份大码头沉积物中与睦里庄沉积物中有显著差异的微生物类群（目到属水平）

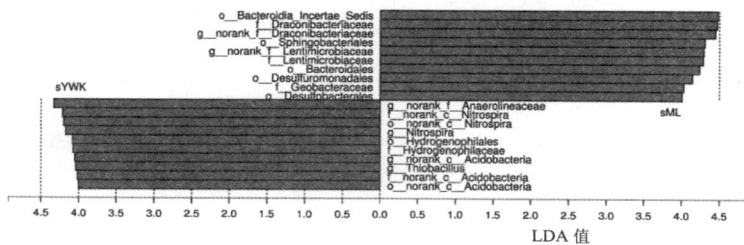

图 2-4-132　9 月份鸭旺口沉积物中与睦里庄沉积物中有显著差异的微生物类群（目到属水平）

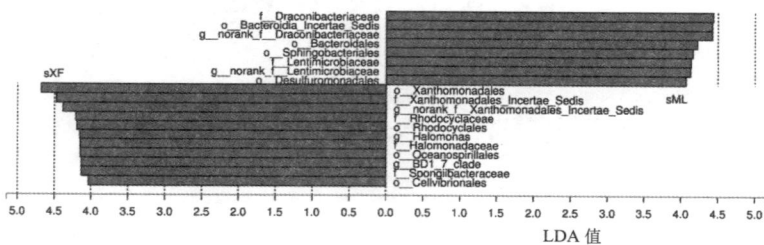

图 2-4-133　9 月份辛丰庄沉积物中与睦里庄沉积物中有显著差异的微生物类群（目到属水平）

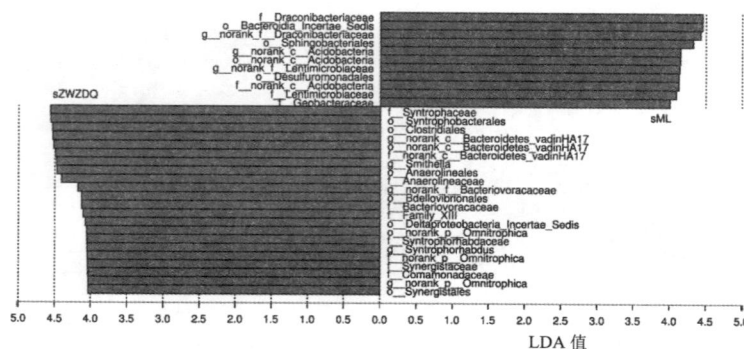

图 2-4-134　9 月份玉符河周王庄大桥沉积物中与睦里庄沉积物中有显著差异的微生物类群
（目到属水平）

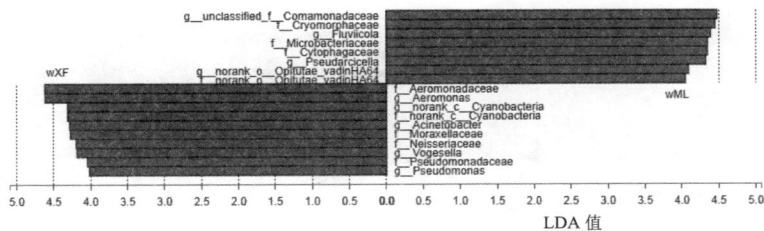

图 2-4-135　12 月份辛丰庄水体中与睦里庄水体中有显著差异的微生物类群（目到属水平）

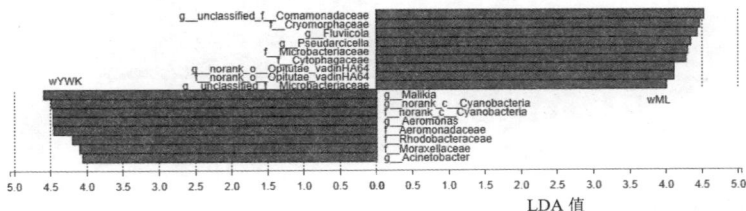

图 2-4-136　12 月份鸭旺口水体中与睦里庄水体中有显著差异的微生物类群（目到属水平）

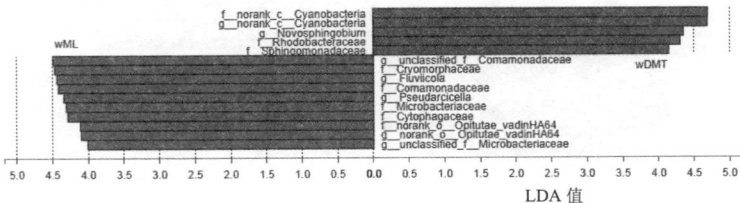

图 2-4-137　12 月份大码头水体中与睦里庄水体中有显著差异的微生物类群（目到属水平）

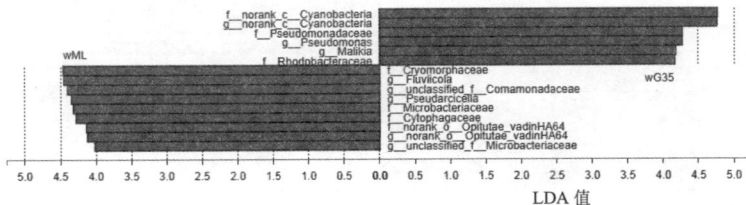

图 2-4-138　12 月份 G35 高速窄口水体中与睦里庄水体中有显著差异的微生物类群
（目到属水平）

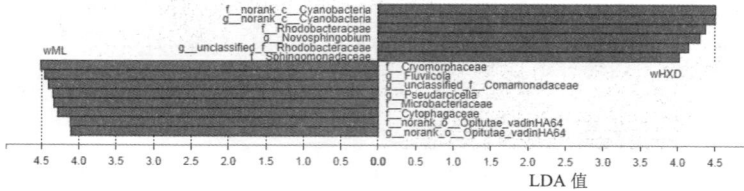

图 2-4-139　12 月份还乡店水体中与睦里庄水体中有显著差异的微生物类群(目到属水平)

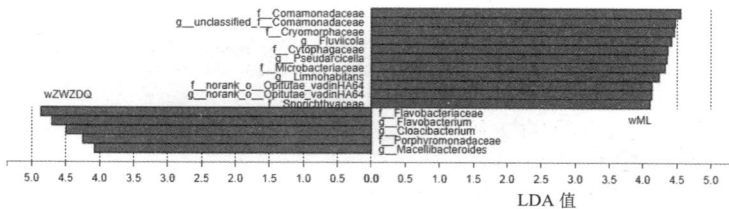

图 2-4-140　12 月份玉符河周王庄大桥水体中与睦里庄水体中有显著差异的微生物类群
（目到属水平）

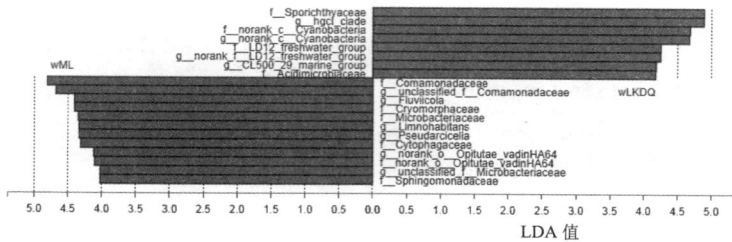

图 2-4-141　12 月份黄河泺口浮桥水体中与睦里庄水体中有显著差异的微生物类群
（目到属水平）

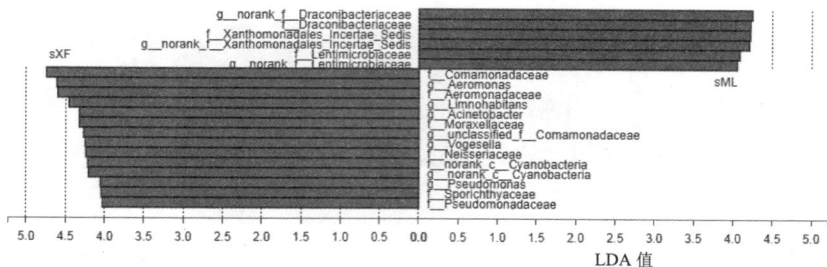

图 2-4-142　12 月份辛丰庄沉积物中与睦里庄沉积物中有显著差异的微生物类群
（目到属水平）

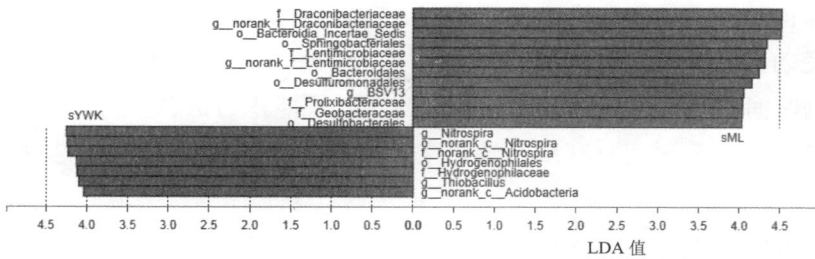

图 2-4-143 12 月份鸭旺口沉积物中与睦里庄沉积物中有显著差异的微生物类群（目到属水平）

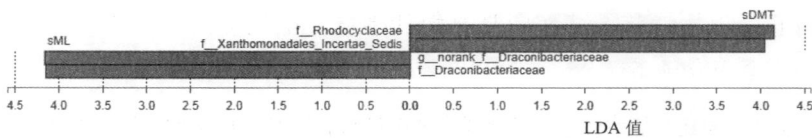

图 2-4-144 12 月份大码头沉积物中与睦里庄沉积物中有显著差异的微生物类群（目到属水平）

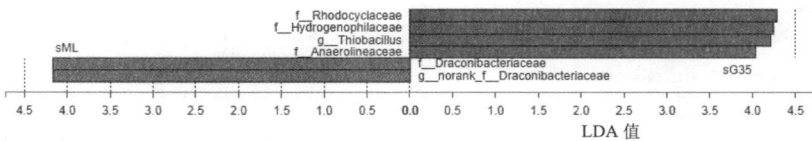

图 2-4-145 12 月份 G35 高速窄口沉积物中与睦里庄沉积物中有显著差异的微生物类群
（目到属水平）

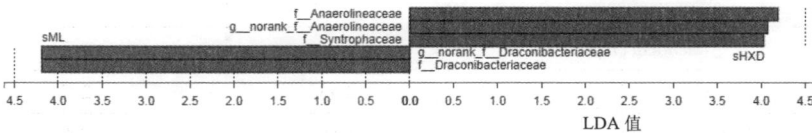

图 2-4-146 12 月份还乡店沉积物中与睦里庄沉积物中有显著差异的微生物类群（目到属水平）

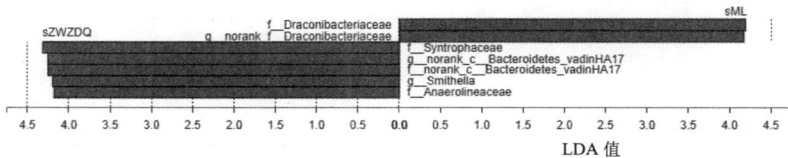

图 2-4-147 12 月份玉符河周王庄大桥沉积物中与睦里庄沉积物中有显著差异的微生物类群
（目到属水平）

　　各断面均存在大量低丰度(< 1%)的特有类群。但是也许由于微生物受环境因子变动影响大,也许由于高通量测序技术本身可能存在假阳性,这些低丰度类群在同时间同断面的不同样品不能同步存在,不能作为稳定的指示微生物。丰度相对高且在各断面间具有统计学意义上的显著差异的微生物群,是复杂环境可能的指示微生物。LEfSe分析是寻找群落间具有统计学意义上的显著差异的物种或类群的有效方法。

　　以睦里庄断面为参考断面,通过比较不同LDA值时LEfSe分析的结果,发现当LDA值为4时,有统计学意义上的显著差异的微生物群能够简单明确地区别各断面的微生物群落。断面间具有统计学意义上的显著差异的微生物类群列于表2-4-3至表2-4-51。

表2-4-3　3月份还乡店水体中与睦里庄水体中具有显著差异的微生物类群(目至属阶元)

微生物类群	wHXD	wML
o__Pseudomonadales	5 560	122
g__*Acinetobacter*	4 896	18
f__Moraxellaceae	5 046	28
f__Rhodobacteraceae	7 115	2 652
g__*Rhodobacter*	6 215	1 766
o__Rhodobacterales	7 115	2 652
o__Lactobacillales	3 452	271
f__Carnobacteriaceae	3 255	247
g__*Trichococcus*	3 250	247
o__Clostridiales	2 435	277
f__Peptostreptococcaceae	1 507	54
g__*Romboutsia*	1 429	42
o__Burkholderiales	11 908	17 601
f__Comamonadaceae	3 622	7 716
f__Burkholderiaceae	3 145	6 493
g__*Polynucleobacter*	3 144	6 493
f__Microbacteriaceae	1 130	3 868
o__Micrococcales	1 188	3 885
f__Sporichthyaceae	33	2 294

微生物类群	wHXD	wML
g__*Acidovorax*	497	2 507
o__Frankiales	473	2 298
g__Candidatus_*Rhodoluna*	297	1 886
g__norank_f__Sporichthyaceae	8	1 120
g__*hgcI_clade*	20	811
o__norank_c__Cyanobacteria	175	908

表 2-4-4　3 月份 G35 高速窄口水体中与睦里庄水体中具有显著差异的微生物类群（目至属水平）

微生物类群	wML	wG35
g__*Rhodoferax*	340	2 844
g__*Rhodobacter*	1 766	3 327
f__Rhodobacteraceae	2 652	3 828
o__Rhodobacterales	2 652	3 828
o__Rhizobiales	242	862
f__Microbacteriaceae	3 868	1 034
o__Micrococcales	3 885	1 071
f__Sporichthyaceae	2 294	25
g__*Acidovorax*	2 507	246
o__Frankiales	2 298	121
g__Candidatus_*Rhodoluna*	188	335
g__norank_f__Sporichthyaceae	1 120	8
g__*hgcI_clade*	811	13

表 2-4-5　3 月份大码头水体中与睦里庄水体中具有显著差异的微生物类群（目至属水平）

微生物类群	wML	wDMT
o__Clostridiales	277	1 979
f__Carnobacteriaceae	247	1 718
o__Lactobacillales	271	1 805
g__*Trichococcus*	247	1 715
f__Peptostreptococcaceae	54	1 362
g__*Romboutsia*	42	1 260

续表

微生物类群	wML	wDMT
g__norank_p__Saccharibacteria	40	1 058
o__norank_p__Saccharibacteria	40	1 058
f__norank_p__Saccharibacteria	40	1 058
f__Comamonadaceae	7 716	1 626
g__unclassified_f__Comamonadaceae	4 277	1 065
g__Acidovorax	2 507	143
f__Sporichthyaceae	2 294	64
o__Frankiales	2 298	503
g__Candidatus_Rhodoluna	1 886	330
g__norank_f__Sporichthyaceae	1 120	24
g__Flavobacterium	1 142	257
g__hgcI_clade	811	34

表2-4-6　3月份鸭旺口水体中与睦里庄水体中具有显著差异的微生物类群(目至属水平)

微生物类群	wML	wYWK
f__Comamonadaceae	7 716	2 644
g__Acidovorax	2 507	81
f__Sporichthyaceae	2 294	51
o__Frankiales	2 298	583
g__norank_f__Sphingomonadaceae	6	0
f__Sphingomonadaceae	1 236	444
g__hgcI_clade	811	27
f__Alcaligenaceae	3 080	8 025
g__GKS98_freshwater_group	2 246	7 601
o__Clostridiales	277	2 214
f__Peptostreptococcaceae	54	1 810
g__Romboutsia	42	1 722
g__Mycobacterium	251	1 002
f__Mycobacteriaceae	251	1 002
o__Corynebacteriales	252	1 006

表 2-4-7 3 月份辛丰庄水体中与睦里庄水体中具有显著差异的微生物类群（目至属水平）

微生物类群	wML	wXF
g__*Acidovorax*	2 507	67
o__Micrococcales	3 885	1 534
f__Sporichthyaceae	2 294	281
f__Microbacteriaceae	3 868	1 527
o__Frankiales	2 298	540
g__Candidatus *Rhodoluna*	1 886	457
g__norank_f__Sporichthyaceae	1 120	62
f__Flavobacteriaceae	1 173	7 015
o__Flavobacteriales	1 281	7 075
g__*Flavobacterium*	1 142	697
g__unclassified_f__Comamonadaceae	4 277	8 604

表 2-4-8 3 月份还乡店沉积物中与睦里庄沉积物中具有显著差异的微生物类群（目至属水平）

微生物类群	sML	sHXD
o__Clostridiales	75	3 662
o__Syntrophobacterales	31	2 844
f__Syntrophaceae	19	2 487
f__Ruminococcaceae	6	2 316
o__Rhodocyclales	1 096	2 950
f__Rhodocyclaceae	1 096	2 950
g__*Ruminococcaceae*_NK4A214_group	0	1 858
f__unclassified_k__norank	475	2 042
f__norank_c__Bacteroidetes_vadinHA17	21	1 514
g__norank_c__Bacteroidetes_vadinHA17	21	1 514
o__Spirochaetales	75	1 802
o__norank_c__Bacteroidetes_vadinHA17	21	1 514
g__*Smithella*	2	1 461
g__unclassified_k__norank	475	2 042
o__unclassified_k__norank	475	2 042
f__Hydrogenophilaceae	151	1 348

续表

微生物类群	sML	sHXD
g__*Thiobacillus*	149	1 342
o__Hydrogenophilales	151	1 348
g__norank_f__Leptospiraceae	2	1 125
o__Bacteroidales	120	953
o__Xanthomonadales	5 153	2 150
o__Cellvibrionales	3 412	686
f__Halieaceae	2 826	20
o__Burkholderiales	3 336	922
f__Comamonadaceae	2 862	795
o__Nitrosomonadales	2 150	376
g__OM60_NOR5__clade	1 858	18
f__Xanthomonadaceae	2 624	827
g__*Arenimonas*	1 758	233
f__Nitrosomonadaceae	1 556	184
g__unclassified_f__Comamonadaceae	1 539	462
g__norank_c__Cyanobacteria	1 231	120
o__norank_c__Cyanobacteria	1 231	120
g__*norank_c__Acidobacteria*	1 161	160
g__norank_f__Nitrosomonadaceae	1 138	133
f__norank_c__Acidobacteria	1 161	160
f__norank_c__Cyanobacteria	1 231	120
o__norank_c__Acidobacteria	1 161	160
g__*Halioglobus*	967	2

表 2-4-9　3 月份 G35 高速窄口沉积物中与睦里庄沉积物中具有显著差异的微生物类群（目至属水平）

微生物类群	sML	sG35
f__Hydrogenophilaceae	151	1 928
o__Hydrogenophilales	151	1 928

续表

微生物类群	sML	sG35
g__*Thiobacillus*	149	1 883
o__Sphingomonadales	581	1 336
g__*Sphingomonas*	25	768
o__Rhodospirillales	400	1 142
f__Flavobacteriaceae	680	1 460
o__Cellvibrionales	3 412	576
f__Halieaceae	2 826	137
o__Xanthomonadales	5 153	2 908
f__Comamonadaceae	2 862	993
f__Xanthomonadaceae	2 624	1 005
g__OM60_NOR5__clade	1 858	133
o__Burkholderiales	3 336	1 678
g__norank_c__Cyanobacteria	1 231	61
o__norank_c__Cyanobacteria	1 231	61
g__unclassified_f__Comamonadaceae	1 539. 667	515
f__norank_c__Cyanobacteria	1 231	61
g__*Arenimonas*	1 758. 333	492. 3333
o__Sphingobacteriales	2 193	1 053
g__*Halioglobus*	967	3
o__Nitrosomonadales	2 150	1 330
f__Rhodocyclaceae	1 096	451

表 2-4-10　3 月份大码头沉积物中与睦里庄沉积物中具有显著差异的微生物类群（目至属水平）

微生物类群	sML	sDMT
f__Flavobacteriaceae	680	2 051
o__Gemmatimonadales	481	1 700
o__Flavobacteriales	780	2 080
g__norank_f__Gemmatimonadaceae	394	1 534
f__Gemmatimonadaceae	481	1 700

微生物类群	sML	sDMT
f__Desulfurellaceae	316	1 142
o__Desulfurellales	316	1 142
g__H16	315	1 083
f__Halieaceae	2 826	176
o__Cellvibrionales	3 412	877
f__Comamonadaceae	2 862	6 317
o__Burkholderiales	3 336	1 227
g__OM60_NOR5__clade	1 858	164
g__unclassified_f__Comamonadaceae	1 539	276
o__Sphingobacteriales	2 193	1 082
o__norank_c__Cyanobacteria	1 231	23
f__norank_c__Cyanobacteria	1 231	23
g__norank_c__Cyanobacteria	1 231	23
g__*Halioglobus*	967	11

表 2-4-11 3月份鸭旺口沉积物中与睦里庄沉积物中具有显著差异的微生物类群（目至属水平）

微生物类群	sML	sYWK
o__Cellvibrionales	3 412. 333	509. 333 3
f__Halieaceae	2 826. 667	55. 3333 3
o__Xanthomonadales	5 153. 333	3 092
f__Comamonadaceae	2 862	1 269. 667
g__OM60_NOR5__clade	1 858. 667	38. 333 33
o__Burkholderiales	3 336	1 699. 333
o__Sphingobacteriales	2 193	1 122
g__unclassified_f__Comamonadaceae	1 539. 667	550. 333 3
g__*Halioglobus*	967. 666 7	5
g__norank_c__Cyanobacteria	1 231	294. 333 3
g__norank_f__Xanthomonadales_Incertae_Sedis	1 453. 333	566. 666 7
f__norank_c__Cyanobacteria	1 231	294. 333 3
f__Xanthomonadales_Incertae_Sedis	1 496	696. 333 3

续表

微生物类群	sML	sYWK
o__norank_c__Cyanobacteria	1 231	294. 333 3
o__Desulfuromonadales	95	2 396
f__Geobacteraceae	85. 333 33	2 166. 333
g__Geobacter	58	1 962
f__Flavobacteriaceae	680	2 424. 333
o__Flavobacteriales	780	2 535. 333
o__Hydrogenophilales	151. 666 7	1 805
f__Hydrogenophilaceae	151. 666 7	1 805
g__Thiobacillus	149	1 596
g__Flavobacterium	621	1 860. 333
o__Desulfobacterales	123	1 011. 333
f__Desulfobulbaceae	59	924. 333 3

表 2-4-12　3 月份辛丰庄沉积物中与睦里庄沉积物中具有显著差异的微生物类群(目至属水平)

微生物类群	sML	sXF
o__Xanthomonadales	5 153. 333	2 014
o__Cellvibrionales	3 412. 333	433. 333 3
f__Halieaceae	2 826. 667	73. 666 67
g__OM60_NOR5__clade	1 858. 667	60. 333 33
f__Comamonadaceae	2 862	1 506
g__Arenimonas	1 758. 333	547. 666 7
g__norank_f__Xanthomonadales_Incertae_Sedis	1 453. 333	335
f__Xanthomonadales_Incertae_Sedis	1 496	411
f__Xanthomonadaceae	2 624	1 232. 333
o__Burkholderiales	3 336	2 221
g__Halioglobus	967. 666 7	11. 333 33
o__Desulfuromonadales	95	1 834
f__Geobacteraceae	85. 333 33	1 522

续表

微生物类群	sML	sXF
g__Geobacter	58	1 316. 333
o__Hydrogenophilales	151. 666 7	892. 666 7
f__Hydrogenophilaceae	151. 666 7	892. 666 7
f__Gemmatimonadaceae	481. 333 3	1 038. 333

表 2-4-13　6月份还乡店水体中与睦里庄水体中具有显著差异的微生物类群（目至属水平）

微生物类群	wML	wHXD
f__Microbacteriaceae	847	4 633
o__Micrococcales	850	4 636
f__Flavobacteriaceae	64	2 431
g__Flavobacterium	49	2 408
g__Candidatus_Rhodoluna	151	1 602
g__Candidatus_Aquiluna	305	1 064
g__Hydrogenophaga	106	965
g__Alpinimonas	4	744
g__CL500-29_marine_group	258	923
f__Acidimicrobiaceae	267	926
g__hgcI_clade	543	1 109
f__unclassified_k__norank	28	589
o__unclassified_k__norank	28	589
g__unclassified_k__norank	28	589
f__unclassified_c__Mollicutes	0	573
o__unclassified_c__Mollicutes	0	573
f__unclassified_c__Mollicutes	0	573
o__SubsectionI	5 317	2
f__Familyi_o__Subsectioni	5 317	2
g__Synechococcus	5 183	2
o__Burkholderiales	3 337	1 850
g__Limnohabitans	1 674	438

微生物类群	wML	wHXD
f__Comamonadaceae	2 537	1 443
g__unclassified_c__Cyanobacteria	3	0
o__unclassified_c__Cyanobacteria	3	0
f__unclassified_c__Cyanobacteria	3	0
o__Cytophagales	749	57
g__unclassified_f__Comamonadaceae	616	28
g__Pseudarcicella	477	48
f__Cytophagaceae	490	54
g__Haliscomenobacter	1	0
o__Sphingobacteriales	456	103

表2-4-14　6月份G35高速窄口水体中与睦里庄水体中具有显著差异的微生物类群（目至属水平）

微生物类群	wML	wG35
o__unclassified_c__Cyanobacteria	3	0
f__unclassified_c__Cyanobacteria	3	0
g__unclassified_c__Cyanobacteria	3	0
f__Rhodobacteraceae	234	1 432
o__Rhodobacterales	234	1 432
o__Clostridiales	34	835
o__Rhizobiales	209	933
o__Xanthomonadales	219	806
g__Rhodobacter	79	619
f__Rhodocyclaceae	93	493
o__Desulfobacterales	32	434
o__Rhodocyclales	93	493
f__Xanthomonadales_Incertae_Sedis	97	461
f__Flavobacteriaceae	64	422
o__Pseudomonadales	2	367
g__Synechococcus	5 183	20
o__SubsectionI	5 317	86

微生物类群	wML	wG35
f__FamilyI_o__SubsectionI	5 317	86
f__Sporichthyaceae	2 462	302
o__Frankiales	2 465	317
g__*Limnohabitans*	1 674	667
g__unclassified_f__Sporichthyaceae	101	45
g__Candidatus *Planktophila*	824	48
o__Cytophagales	749	73
g__*Pseudarcicella*	477	1
g__*hgcI_clade*	543	130
f__Cryomorphaceae	457	15
g__*Fluviicola*	411	12
f__Cytophagaceae	490	54

表 2-4-15 6 月份大码头水体中与睦里庄水体中具有显著差异的微生物类群（目至属水平）

微生物类群	wML	wDMT
f__Microbacteriaceae	847	3 136
o__Micrococcales	850	3 137
o__Rhizobiales	209	1 159
o__Acidimicrobiales	274	1 090
g__Candidatus *Rhodoluna*	151	971
g__CL500-29_marine_group	258	1 019
f__Acidimicrobiaceae	267	1 023
f__Roseiflexaceae	53	736
o__Chloroflexales	53	736
g__*Roseiflexus*	53	736
g__Candidatus *Aquiluna*	305	821
g__*Flavobacterium*	49	561
g__Candidatus *Limnoluna*	287	827
g__*Alsobacter*	22	524
f__Rhizobiales_Incertae_Sedis	22	525

微生物类群	wML	wDMT
g__unclassified_f__Alcaligenaceae	11	461
f__Alcaligenaceae	226	659
g__*Synechococcus*	5 183	52
f__FamilyI_o__SubsectionI	5 317	59
o__SubsectionI	5 317	59
o__Cytophagales	749	79
g__Candidatus_*Planktophila*	824	303
f__Cytophagaceae	490	60
g__unclassified_f__Comamonadaceae	616	147
g__*Pseudarcicella*	477	44

表 2-4-16　6 月份鸭旺口水体中与睦里庄水体中具有显著差异的微生物类群（目至属水平）

微生物类群	wML	wYWK
o__SubsectionI	5 317	70
g__*Synechococcus*	5 183	62
f__FamilyI_o__SubsectionI	5 317	70
o__Cytophagales	749	49
g__unclassified_f__Comamonadaceae	616	80
g__*Pseudarcicella*	477	28
f__Cytophagaceae	490	37
g__Candidatus_*Planktophila*	824	416
f__Cryomorphaceae	457	57
g__*Fluviicola*	411	48
o__Micrococcales	850	3 457
f__Microbacteriaceae	847	3 454
o__Rhizobiales	209	1 606
o__Acidimicrobiales	274	1 124
g__Candidatus_*Rhodoluna*	151	987
f__norank_c__Cyanobacteria	1 062	1 788
g__CL500-29_marine_group	258	1 011

续表

微生物类群	wML	wYWK
g__Candidatus_*Limnoluna*	287	1 042
f__Alcaligenaceae	226	891
o__norank_c__Cyanobacteria	1 062	1 788
g__unclassified_f__Alcaligenaceae	11	652
g__*Alsobacter*	22	603
g__Candidatus_*Aquiluna*	305	857
f__Rhizobiales_Incertae_Sedis	22	606
f__Rhizobiales_Incertae_Sedis	22	606
g__*Roseiflexus*	53	624
f__Roseiflexaceae	53	624
g__norank_o__PeM15	41	512
o__PeM15	41	512
g__norank_f__MNG7	126	589
f__norank_o__PeM15	41	512
f__MNG7	126	589
f__Methylocystaceae	18	365
g__*Alpinimonas*	4	339

表 2-4-17　6 月份辛丰庄水体中与睦里庄水体中具有显著差异的微生物类群（目至属水平）

微生物类群	wML	wXF
o__SubsectionI	5 317	516
g__*Synechococcus*	5 183	482
f__FamilyI_o__SubsectionI	5 317	516
f__Sporichthyaceae	2 462	662
o__Frankiales	2 465	666
g__norank_f__Sporichthyaceae	993	123
g__Candidatus_*Planktophila*	824	115
o__Cytophagales	749	36
o__Flavobacteriales	570	109
f__Cytophagaceae	490	31

续表

微生物类群	wML	wXF
g__*Pseudarcicella*	477	5
g__*Pseudohongiella*	2	0
f__Cryomorphaceae	457	31
g__unclassified_f__Comamonadaceae	616	173
g__*Fluviicola*	411	30
o__norank_c__Cyanobacteria	1 062	6 195
f__norank_c__Cyanobacteria	1 062	6 195
g__norank_c__Cyanobacteria	1 062	6 195
o__Rhizobiales	209	1 267
o__Micrococcales	850	1 367
f__Microbacteriaceae	847	1 364
g__unclassified_f__Alcaligenaceae	11	510
f__norank_o__PeM15	41	508
o__PeM15	41	508
f__Rhizobiales_Incertae_Sedis	22	442
g__norank_o__PeM15	41	508
f__Alcaligenaceae	226	702
g__*Alsobacter*	22	440
g__norank_f__MNG7	126	563
f__MNG7	126	563
g__Candidatus_*Limnoluna*	287	599

表2-4-18　6月份玉符河周王庄大桥水体中与睦里庄水体中具有显著差异的微生物类群
（目至属水平）

微生物类群	wML	wZWZDQ
o__Subsectioni	5 306	3
g__*Synechococcus*	5 181	2
f__FamilyI_o__SubsectionI	5 306	3
f__Comamonadaceae	2 505	98
o__Frankiales	2 474	87

续表

微生物类群	wML	wZWZDQ
f__Sporichthyaceae	2 472	87
g__*Limnohabitans*	1 665	46
g__norank_f__Sporichthyaceae	981	0
g__Candidatus *Planktoluna*	89	5.
o__Cytophagales	747	1
g__unclassified_f__Comamonadaceae	600	6
g__*Pseudarcicella*	477	0
f__Cytophagaceae	488	0
g__hgcI_clade	539	56
f__Cryomorphaceae	449	0
o__Sphingobacteriales	437	1
g__*Fluviicola*	402	0
g__norank_o__Opitutae_vadinHA64	338	0
f__norank_o__Opitutae_vadinHA64	338	0
g__norank_c__Cyanobacteria	1 076	8 483
f__norank_c__Cyanobacteria	1 076	8 483
o__norank_c__Cyanobacteria	1 076	8 483
o__Micrococcales	856	3 228
f__Microbacteriaceae	852	3 223
g__unclassified_f__Alcaligenaceae	10	1 718
f__Alcaligenaceae	224	1 756
g__unclassified_f__Microbacteriaceae	0	1 198
g__*Leucobacter*	0	1 052
o__Rhizobiales	211	1 298
g__*Alsobacter*	25	902
f__Rhizobiales_Incertae_Sedis	25	902
g__*Dolosicoccus*	0	1
f__Flavobacteriaceae	67	492
o__Clostridiales	31	401

表2-4-19 6月份黄河泺口浮桥水体中与睦里庄水体中具有显著差异的微生物类群（目至属水平）

微生物类群	wML	wLKFQ
f__LD12_freshwater_group	6	3 051
o__SAR11_clade	6	3 052
g__norank_f__LD12_freshwater_group	6	3 051
g__hgcI_clade	539	2 211
f__Sporichthyaceae	2 472	3 780
o__Frankiales	2 474	3 780
f__Acidimicrobiaceae	276	1 307
g__CL500-29_marine_group	269	1 305
o__Acidimicrobiales	282	1 319
o__Methylophilales	92	765
f__Methylophilaceae	92	765
g__Candidatus *Methylopumilus*	21	514
g__norank_f__Cyclobacteriaceae	252	711
o__Planctomycetales	34	471
f__Planctomycetaceae	34	471
f__Cyclobacteriaceae	257	723
f__FamilyI_o__SubsectionI	5 306	147
o__SubsectionI	5 306	147
g__*Synechococcus*	5 181	139
f__Microbacteriaceae	852	67
o__Micrococcales	856	68
g__*Pseudarcicella*	477	32
f__Cytophagaceae	488	60
g__unclassified_f__Comamonadaceae	600	187

表2-4-20 6月份还乡店沉积物中与睦里庄沉积物中具有显著差异的微生物类群（目至属水平）

微生物类群	sML	sHXD
f__Xanthomonadales_Incertae_Sedis	1 066	2 594
g__norank_f__Xanthomonadales_Incertae_Sedis	1 012	2 236
o__Clostridiales	150	978

续表

微生物类群	sML	sHXD
o__Anaerolineales	298	947
f__Anaerolineaceae	298	947
f__Rhodocyclaceae	408	1 047
o__Rhodocyclales	408	1047
g__Dechloromonas	161	723
g__BD1-7_clade	43	545
o__Xanthomonadales	2 498	3 089
f__Spongiibacteraceae	43	545
o__SC-I-84	244	715
g__norank_o__SC-I-84	244	715
g__norank_f__Anaerolineaceae	256	739
f__norank_o__SC-I-84	244	715
f__Peptostreptococcaceae	13	414
g__Actibacter	48	446
o__Cellvibrionales	166	553
o__norank_c__Cyanobacteria	1 309	153
f__norank_c__Cyanobacteria	1 309	153
g__norank_c__Cyanobacteria	1 309	153
o__Rhodobacterales	1 007	89
f__Rhodobacteraceae	1 007	89
f__Xanthomonadaceae	1 338	349
o__Rhizobiales	1 186	385
g__Arenimonas	904	139
o__Sphingomonadales	716	9
f__Sphingomonadaceae	658	9
f__Comamonadaceae	827	297
o__Sphingobacteriales	842	317
g__Novosphingobium	479	5
g__Rhodobacter	501	30
o__Burkholderiales	1 128	712

表 2-4-21　6 月份 G35 高速窄口沉积物中与睦里庄沉积物中具有显著差异的微生物类群
（目至属水平）

微生物类群	sML	sG35
o__Desulfobacterales	134	738
o__Anaerolineales	298	760
f__Anaerolineaceae	298	760
o__Clostridiales	150	605
o__Propionibacteriales	80	453
o__Myxococcales	148	503
o__Xanthomonadales	2 498	1 189
f__Xanthomonadaceae	1 338	210
o__Rhizobiales	1 186	346
o__Rhodobacterales	1 007	186
f__Rhodobacteraceae	1 007	186
g__Arenimonas	904	100
o__Sphingomonadales	716	32
f__Sphingomonadaceae	658	11
o__Burkholderiales	1 128	537
g__Novosphingobium	479	5
g__Rhodobacter	501	36
f__Comamonadaceae	827	369
o__Sphingobacteriales	842	372
g__norank_f__Xanthomonadales_Incertae_Sedis	1 012	588
f__MNG7	414	60
g__norank_f__MNG7	414	60

表 2-4-22　6 月份大码头沉积物中与睦里庄沉积物中具有显著差异的微生物类群（目至属水平）

微生物类群	sML	sDMT
f__norank_c__Acidobacteria	565	1 381
o__norank_c__Acidobacteria	565	1 381
g__norank_c__Acidobacteria	565	1 381

续表

微生物类群	sML	sDMT
o__Planctomycetales	673	1 021
o__Clostridiales	150	584
o__Anaerolineales	298	723
f__Anaerolineaceae	298	723
g__norank_f__Anaerolineaceae	256	616
f__Xanthomonadaceae	1 338	352
f__Rhodobacteraceae	1 007	110
o__Rhodobacterales	1 007	110
o__Burkholderiales	1 128	396
g__Arenimonas	904	163
o__Sphingomonadales	716	17
o__Rhizobiales	1 186	578
f__Sphingomonadaceae	658	10
o__Sphingobacteriales	842	218
f__Comamonadaceae	827	237
g__Rhodobacter	501	16
g__Novosphingobium	479	2
g__unclassified_f__Comamonadaceae	536	112
f__MNG7	414	40
g__norank_f__MNG7	414	40

表2-4-23　6月份鸭旺口沉积物中与睦里庄沉积物中具有显著差异的微生物类群(目至属水平)

微生物类群	sML	sYWK
f__norank_c__Cyanobacteria	1 309	295
g__norank_c__Cyanobacteria	1 309	295
o__norank_c__Cyanobacteria	1 309	295
f__Xanthomonadaceae	1 338	537
o__Burkholderiales	1 128	435
o__Rhizobiales	1 186	563
o__Sphingomonadales	716	17

续表

微生物类群	sML	sYWK
f__Sphingomonadaceae	658	10
f__Comamonadaceae	827	211
g__*Arenimonas*	904	393
g__*Novosphingobium*	479	4
o__Sphingobacteriales	842	300
g__*Rhodobacter*	501	81
g__unclassified_f__Comamonadaceae	536	148
g__*Actibacter*	48	801
o__Clostridiales	150	665
o__Desulfobacterales	134	580
f__Desulfobulbaceae	95	503

表2-4-24 6月份辛丰庄沉积物中与睦里庄沉积物中具有显著差异的微生物类群（目至属水平）

微生物类群	sML	sXF
o__Burkholderiales	1 128	411
o__Rhizobiales	1 186	507
o__Sphingomonadales	716	12
f__Sphingomonadaceae	658	7
f__Comamonadaceae	827	225
f__Rhodobacteraceae	1 007	408
o__Rhodobacterales	1 007	408
f__Xanthomonadaceae	1 338	899
g__*Novosphingobium*	479	5
o__Sphingobacteriales	842	358
g__*Rhodobacter*	501	45
g__unclassified_f__Comamonadaceae	536	145
f__Flavobacteriaceae	275	1 722
g__*Actibacter*	48	1 448
o__Flavobacteriales	329	1 740
g__norank_f_Xanthomonadales_Incertae_Sedis	1 012	1 655

续表

微生物类群	sML	sXF
o__Propionibacteriales	80	704
f__Nocardioidaceae	76	645
f__Xanthomonadales_Incertae_Sedis	1 066	1 686
o__PeM15	147	555
f__norank_o__PeM15	147	555
g__norank_o__PeM15	147	555
g__Marmoricola	33	417
g__norank_o__SC-I-84	244	613
o__SC-I-84	244	613
f__norank_o__SC-I-84	244	613

表 2-4-25　6 月份玉符河周王庄大桥沉积物中与睦里庄沉积物中具有显著差异的微生物类群
（目至属水平）

微生物类群	sML	sZWZDQ
o__Xanthomonadales	2 498	1 126
o__Rhizobiales	1 186	273
g__Arenimonas	904	182
f__Rhodobacteraceae	1 007	289
g__norank_f__Xanthomonadales_Incertae_Sedis	1 012	244
f__Xanthomonadales_Incertae_Sedis	1 066	343
o__Sphingomonadales	716	21
o__Rhodobacterales	1 007	289
f__Sphingomonadaceae	658	18
f__Planctomycetaceae	673	152
f__Xanthomonadaceae	1 338	686
f__norank_c__Acidobacteria	565	43
o__Planctomycetales	673	152
g__norank_c__Acidobacteria	565	43
o__norank_c__Acidobacteria	565	43
f__Nitrosomonadaceae	503	23

微生物类群	sML	sZWZDQ
o__Nitrosomonadales	514	26
g__*Novosphingobium*	479	12
g__*Rhodobacter*	501	94
o__Sphingobacteriales	842	465
o__Clostridiales	150	2 464
g__norank_c__Bacteroidetes_vadinHA17	15	1 616
f__norank_c__Bacteroidetes_vadinHA17	15	1 616
o__norank_c__Bacteroidetes_vadinHA17	15	1 616
o__Bacteroidales	34	1 450
f__Family_XIII	24	862
f__Anaerolineaceae	298	909
o__Anaerolineales	298	909
f__Rikenellaceae	4	591
g__*Eubacterium*_brachy_group	21	632
g__vadinBC27_wastewater-sludge_group	0	571
o__Syntrophobacterales	34	585
f__Synergistaceae	0	569
f__Syntrophaceae	18	573
g__*Smithella*	0	454
o__Lactobacillales	3	454
f__Christensenellaceae	6	426
g__*Trichococcus*	2	441
f__Carnobacteriaceae	2	441
f__Porphyromonadaceae	14	418
o__Holophagales	19	401
f__Holophagaceae	19	401
g__*Christensenellaceae*_R-7_group	5	374
g__norank_f__Synergistaceae	0	382
g__norank_f__Holophagaceae	17	370

表 2-4-26　9 月份还乡店水体中与睦里庄水体中具有显著差异的微生物类群（目至属水平）

微生物类群	wML	wHXD
f__norank_c__Cyanobacteria	144	2 996
o__norank_c__Cyanobacteria	144	2 996
g__norank_c__Cyanobacteria	144	2 996
o__Rhodobacterales	629	2 851
f__Rhodobacteraceae	629	2 851
g__*Novosphingobium*	174	2 051
g__unclassified_f__Rhodobacteraceae	501	1 884
o__Sphingomonadales	1 155	2 390
f__Sphingomonadaceae	1 147	2 232
o__Rhizobiales	62	1 042
o__Xanthomonadales	117	994
f__Xanthomonadaceae	52	901
g__*Rhodobacter*	125	946
g__norank_f__MNG7	21	704
f__MNG7	21	704
o__Methylococcales	13	611
g__*Hydrogenophaga*	44	614
g__*Methyloparacoccus*	1	605
f__Methylococcaceae	5	607
f__Cryomorphaceae	2 899	19
o__Flavobacteriales	3 977	1 084
g__*Fluviicola*	2 740	18
g__unclassified_f__Comamonadaceae	4 891	2 347
g__*Pseudarcicella*	2 046	0
f__Microbacteriaceae	2 081	164
o__Cytophagales	2 341	316
f__norank_o__Opitutae_vadinHA64	1 149	1
g__norank_o__Opitutae_vadinHA64	1 149	1
o__Opitutae_vadinHA64	1 149	1
g__norank_f__Microbacteriaceae	1	0

续表

微生物类群	wML	wHXD
g__norank_f__NS11-12_marine_group	747	3
o__Sphingobacteriales	1 201	445
f__NS11-12_marine_group	747	3
g__Candidatus *Planktophila*	872	207
o__Frankiales	1 251	665

表 2-4-27　9 月份 G35 高速窄口水体中与睦里庄水体中具有显著差异的微生物类群
（目至属水平）

微生物类群	wML	wG35
g__norank_c__Cyanobacteria	144	5 379
o__norank_c__Cyanobacteria	144	5 379
f__norank_c__Cyanobacteria	144	5 379
g__*Pseudomonas*	55	1 729
f__Pseudomonadaceae	55	1 729
o__Pseudomonadales	414	1 964
g__*Malikia*	49	1 445
f__Rhodobacteraceae	629	2 072
o__Rhodobacterales	629	2 072
g__unclassified_f__Rhodobacteraceae	501	1 378
g__*Novosphingobium*	174	1 076
g__*Comamonas*	9	711
g__*Rhodobacter*	125	682
o__Flavobacteriales	3 977	377
f__Cryomorphaceae	2 899	91
g__*Fluviicola*	2 740	79
g__unclassified_f__Comamonadaceae	4 891	2 234
o__Cytophagales	2 341	136
o__Micrococcales	2 082	62
f__Microbacteriaceae	2 081	51
g__*Pseudarcicella*	2 046	0

续表

微生物类群	wML	wG35
f__Cytophagaceae	2 068	111
g__norank_o__Opitutae_vadinHA64	1 149	0
o__Opitutae_vadinHA64	1 149	0
f__norank_o__Opitutae_vadinHA64	1 149	0
g__unclassified_f__Microbacteriaceae	946	3
o__Frankiales	1 251	467
o__Sphingobacteriales	1 201	431
f__Flavobacteriaceae	1 004	273
g__*Flavobacterium*	975	242
f__Sporichthyaceae	1 249	466
g__norank_f__NS11-12_marine_group	747	48
g__Candidatus_*Planktophila*	872	153
g__Candidatus_*Planktoluna*	464	1

表2-4-28　9月份大码头水体中与睦里庄水体中具有显著差异的微生物类群(目至属水平)

微生物类群	wML	wDMT
f__norank_c__Cyanobacteria	144	4 921
g__norank_c__Cyanobacteria	144	4 921
o__norank_c__Cyanobacteria	144	4 921
g__*Novosphingobium*	174	2 241
f__Rhodobacteraceae	629	2 393
o__Rhodobacterales	629	2 393
f__Sphingomonadaceae	1 147	2 361
o__Sphingomonadales	1 155	2 368
g__unclassified_f__Rhodobacteraceae	501	1 408
g__*Rhodobacter*	125	971
g__*Malikia*	49	740
o__Rhizobiales	62	693
o__Flavobacteriales	3 977	510
g__unclassified_f__Comamonadaceae	4 891	1 793

续表

微生物类群	wML	wDMT
g__*Fluviicola*	2 740	203
f__Cryomorphaceae	2 899	211
f__Comamonadaceae	6 997	4892
g__*Pseudarcicella*	2 046	4
f__Microbacteriaceae	2 081	168
o__Micrococcales	2 082	170
f__Cytophagaceae	2 068	327
o__Cytophagales	2 341	342
o__Burkholderiales	7 363	5 571
g__norank_o__Opitutae_vadinHA64	1 149	3
f__norank_o__Opitutae_vadinHA64	1 149	3
o__Opitutae_vadinHA64	1 149	3
g__unclassified_f__Microbacteriaceae	946	9
f__Flavobacteriaceae	1 004	290
f__NS11-12_marine_group	747	67
g__norank_f__NS11-12_marine_group	747	67

表 2-4-29　9 月份鸭旺口水体中与睦里庄水体中具有显著差异的微生物类群（目至属水平）

微生物类群	wML	wYWK
o__Flavobacteriales	3 977	524
g__unclassified_f__Comamonadaceae	4 891	1 537
g__*Fluviicola*	2 740	146
f__Cryomorphaceae	2 899	165
o__Cytophagales	2 341	230
g__*Pseudarcicella*	2 046	9
f__Microbacteriaceae	2 081	92
o__Micrococcales	2 082	93
f__Cytophagaceae	2 068	213. 333 3
o__Opitutae_vadinHA64	1 149	8

续表

微生物类群	wML	wYWK
f__norank_o__Opitutae_vadinHA64	1 149	8
g__norank_o__Opitutae_vadinHA64	1 149	8
f__Sporichthyaceae	1 249	434
o__Sphingobacteriales	1 201	432
o__Frankiales	1 251	438
g__Candidatus_Planktoluna	464	4
f__Flavobacteriaceae	1 004	352
f__NS11-12_marine_group	747	133
g__norank_f__NS11-12_marine_group	747	133
g__Flavobacterium	975	331
g__Sphingopyxis	478	4
g__Malikia	49	3 874
g__Aeromonas	48	2 989
f__Aeromonadaceae	48	3 023
o__norank_c__Cyanobacteria	144	2 841
g__norank_c__Cyanobacteria	144	2 841
f__norank_c__Cyanobacteria	144	2 841
o__Pseudomonadales	414	1 937
o__Rhodobacterales	629	1 947
g__Acinetobacter	340	1 674
f__Moraxellaceae	358	1 691
f__Rhodobacteraceae	629	1 947
o__Neisseriales	229	935
f__Neisseriaceae	229	935
g__Vogesella	222	888
g__Novosphingobium	174	878
g__Rhodobacter	125	696

表2-4-30　9月份辛丰庄水体中与睦里庄水体中具有显著差异的微生物类群（目至属水平）

微生物类群	wML	wXF
o__Flavobacteriales	3 977	875
g__unclassified_f__Comamonadaceae	4 891	2 035
g__Fluviicola	2 740	305
f__Cryomorphaceae	2 899	356
o__Cytophagales	2 341	84
f__Cytophagaceae	2 068	56
f__Microbacteriaceae	2 081	60
g__Pseudarcicella	2 046	17
o__Micrococcales	2 082	63
g__norank_o__Opitutae_vadinHA64	1 149	14
f__norank_o__Opitutae_vadinHA64	1 149	14
o__Opitutae_vadinHA64	1 149	14
g__unclassified_f__Microbacteriaceae	946	7
o__Sphingobacteriales	1 201	554
g__Candidatus Planktophila	872	296
g__norank_f__NS11-12_marine_group	747	254
f__NS11-12_marine_group	747	254
g__Flavobacterium	975	467
g__Sphingopyxis	478	3
f__Aeromonadaceae	48	3 995
g__Aeromonas	48	3 961
o__Aeromonadales	48	3 995
o__Pseudomonadales	414	3 114
o__norank_c__Cyanobacteria	144	2 017
f__norank_c__Cyanobacteria	14	2 017
g__norank_c__Cyanobacteria	144	2 017
g__Acinetobacter	340	1 996
f__Moraxellaceae	358	2 029
o__Neisseriales	229	1 724

微生物类群	wML	wXF
f__Neisseriaceae	229	1 724
g__*Vogesella*	222	1 698
g__*Pseudomonas*	55	1 085
f__Pseudomonadaceae	55	1 085
g__*Malikia*	49	730
f__Enterobacteriaceae	2	650
g__*Enterobacter*	1	632
o__Enterobacteriales	2	650

表 2-4-31　9 月份玉符河周王庄大桥水体中与睦里庄水体中具有显著差异的微生物类群
（目至属水平）

微生物类群	wML	wZWZDQ
o__Enterobacteriales	2	564
o__Burkholderiales	7 363	3 986
g__unclassified_f__Comamonadaceae	4 891	1 977
f__Cryomorphaceae	2 899	56
g__*Fluviicola*	2 740	56
o__Cytophagales	2 341	10
f__Cytophagaceae	2 068	9
o__Micrococcales	2 082	152
f__Microbacteriaceae	2 081	146
g__*Pseudarcicella*	2 046	0
g__*Limnohabitans*	1 940	238
o__Frankiales	1 251	12
f__Sporichthyaceae	1 249	11
f__norank_o__Opitutae_vadinHA64	1 149	0
g__norank_o__Opitutae_vadinHA64	1 149	0
o__Opitutae_vadinHA64	1 149	0
o__Sphingobacteriales	1 201	154
g__unclassified_f__Microbacteriaceae	946	3

微生物类群	wML	wZWZDQ
g__Candidatus_*Planktophila*	872	1
g__norank_f__NS11-12_marine_group	747	4
f__NS11-12_marine_group	747	4
g__*Sphingopyxis*	478	2
f__Flavobacteriaceae	1 004	8 448
o__Flavobacteriales	3 977	8 513
g__*Flavobacterium*	975	5 645
g__*Cloacibacterium*	6	2 773
o__Bacteroidales	40	2 217
f__Porphyromonadaceae	8	1 587
g__*Macellibacteroides*	0	1 204
g__*Novosphingobium*	174	1 015
g__*Malikia*	49	676
g__*Hydrogenophaga*	44	626
o__Erysipelotrichales	4	568
f__Enterobacteriaceae	2	564
f__Erysipelotrichaceae	4	568
o__Enterobacteriales	2	564
g__*Thorsellia*	0	510

表2-4-32 9月份黄河泺口浮桥水体中与睦里庄水体中具有显著差异的微生物类群(目至属水平)

微生物类群	wML	wLKFQ
f__Sporichthyaceae	1 249	8 473
g__hgcI_clade	309	7 591
o__Frankiales	1 251	8 473
f__norank_c__Cyanobacteria	144	4 610
g__norank_c__Cyanobacteria	144	4 610
o__norank_c__Cyanobacteria	144	4 610
g__norank_f__LD12_freshwater_group	18	1 620
f__LD12_freshwater_group	18	1 620

续表

微生物类群	wML	wLKFQ
o__SAR11_clade	18	1 620
o__Acidimicrobiales	53	1 562
g__CL500-29_marine_group	41	1 552
f__Acidimicrobiaceae	50	1 555
o__SubsectionI	21	920
f__FamilyI_o__SubsectionI	21	920
g__Synechococcus	19	749
g__norank_f__Sporichthyaceae	67	717. 333 3
o__SubsectionIII	7	474
f__FamilyI_o__SubsectionIII	7	474
f__Comamonadaceae	6 997	636
o__Burkholderiales	7 363	1 200
g__unclassified_f__Comamonadaceae	4 891	416
o__Flavobacteriales	3 977	666
f__Cryomorphaceae	2 899	485
g__Fluviicola	2 740	411
g__Pseudarcicella	2 046	1
o__Micrococcales	2 082	147
f__Cytophagaceae	2 068	156
f__Microbacteriaceae	2 081	147
g__Limnohabitans	1 940	61
o__Cytophagales	2 341	813
o__Opitutae_vadinHA64	1 149	20
g__norank_o__Opitutae_vadinHA64	1 149	20
f__norank_o__Opitutae_vadinHA64	1 149	20
o__Sphingomonadales	1 155	226
f__Sphingomonadaceae	1 147	195
g__unclassified_f__Microbacteriaceae	946	1
f__Flavobacteriaceae	1 004	144

续表

微生物类群	wML	wLKFQ
g__*Flavobacterium*	975	142
g__norank_f__NS11-12_marine_group	747	44
g__Candidatus *Planktophila*	872	162
f__NS11-12_marine_group	747	44
o__Rhodobacterales	629	96
o__Sphingobacteriales	1 201	655
f__Rhodobacteraceae	629	96

表2-4-33　9月份还乡店沉积物中与睦里庄沉积物中具有显著差异的微生物类群（目至属水平）

微生物类群	sML	sHXD
f__Anaerolineaceae	979	2 398
o__Anaerolineales	979	2 398
o__Clostridiales	467	1 723
o__Syntrophobacterales	377	1 612
g__norank_f__Anaerolineaceae	810	1 778
f__Syntrophaceae	1 853	1 127
g__unclassified_k__norank	190	945
f__unclassified_k__norank	190	945
f__Peptostreptococcaceae	32	714
o__unclassified_k__norank	190	945
g__norank_f__Draconibacteriaceae	1 484	95
o__Bacteroidia_Incertae_Sedis	1 484	95
o__Sphingobacteriales	1 681	431
f__Draconibacteriaceae	1 484	95
g__norank_f__Lentimicrobiaceae	1 037	255
f__Lentimicrobiaceae	1 044	263
o__Bacteroidales	864	161
o__Desulfuromonadales	664	69
o__Rhizobiales	758	239

表 2-4-34　9 月份 G35 高速窄口沉积物中与睦里庄沉积物中具有显著差异的微生物类群（目至属水平）

微生物类群	sML	sG35
o__Rhodocyclales	887	2 594
f__Rhodocyclaceae	887	2 594
o__Hydrogenophilales	76	1 613
f__Hydrogenophilaceae	76	1 613
g__*Thiobacillus*	42	1 457
f__Anaerolineaceae	979	1 841
o__Anaerolineales	979	1 841
g__norank_c__Bacteroidetes_vadinHA17	538	1 188
o__norank_c__Bacteroidetes_vadinHA17	538	1 188
g__*Denitratisoma*	11	627
f__norank_c__Bacteroidetes_vadinHA17	538	1 188
o__Xanthomonadales	1 609	2 110
g__Candidatus_*Competibacter*	22	517
g__unclassified_f__Rhodocyclaceae	39	547
f__Draconibacteriaceae	1 484	184
g__norank_f__Draconibacteriaceae	1 484	184
o__Bacteroidia_Incertae_Sedis	1 484	184
o__Sphingobacteriales	1 681	691
o__Bacteroidales	864	110
o__Desulfuromonadales	664	58
g__norank_f__Lentimicrobiaceae	1 037	432
f__Lentimicrobiaceae	1 044	444
f__Geobacteraceae	535	53
o__Rhizobiales	758	276
f__Prolixibacteraceae	486	43

表 2-4-35　9 月份大码头沉积物中与睦里庄沉积物中具有显著差异的微生物类群（目至属水平）

微生物类群	sML	sDMT
f__Rhodocyclaceae	887	2 196

续表

微生物类群	sML	sDMT
o__Xanthomonadales	1 609	3 085
o__Rhodocyclales	887	2 196
f__Xanthomonadales_Incertae_Sedis	1 479	2 630
g__norank_f__Xanthomonadales_Incertae_Sedis	1 438	2 174
f__Hydrogenophilaceae	76	682
o__Hydrogenophilales	76	682
f__norank_c__Bacteroidetes_vadinHA17	538	1 103
g__Dechloromonas	551	1 126
f__Spongiibacteraceae	145	676
g__norank_c__Bacteroidetes_vadinHA17	538	1 103
g__Thiobacillus	42	620
o__norank_c__Bacteroidetes_vadinHA17	538	1 103
g__BD1-7_clade	145	676
o__Clostridiales	467	933
o__Bacteroidia_Incertae_Sedis	1 484	235
g__norank_f__Draconibacteriaceae	1 484	235
f__Draconibacteriaceae	1 484	235
o__Sphingobacteriales	1 681	858
o__Bacteroidales	864	129
f__Lentimicrobiaceae	1 044	486
o__Desulfuromonadales	664	71
g__norank_f__Lentimicrobiaceae	1 037	477

表 2-4-36　9 月份鸭旺口沉积物中与睦里庄沉积物中具有显著差异的微生物类群（目至属水平）

微生物类群	sML	sYWK
o__Bacteroidia_Incertae_Sedis	1 484	57
f__Draconibacteriaceae	1 484	57
g__norank_f__Draconibacteriaceae	1 484	57
o__Sphingobacteriales	1 681	644
g__norank_f__Lentimicrobiaceae	1 037	131

续表

微生物类群	sML	sYWK
f__Lentimicrobiaceae	1 044	134
o__Bacteroidales	864	60
o__Desulfuromonadales	664	30
f__Geobacteraceae	535	27
o__Desulfobacterales	600	120
g__norank_f__Anaerolineaceae	810	1 829
f__norank_c__Nitrospira	149	897
o__norank_c__Nitrospira	149	897
g__Nitrospira	149	897
o__Hydrogenophilales	76	617
f__Hydrogenophilaceae	76	617
g__norank_c__Acidobacteria	762	1 242
g__Thiobacillus	42	569
f__norank_c__Acidobacteria	762	1 242
o__norank_c__Acidobacteria	762	1 242

表 2-4-37　9 月份辛丰庄沉积物中与睦里庄沉积物中具有显著差异的微生物类群(目至属水平)

微生物类群	sML	sXF
f__Draconibacteriaceae	1 484	187
o__Bacteroidia_Incertae_Sedis	1 484	187
g__norank_f__Draconibacteriaceae	1 484	187
o__Bacteroidales	864	80
o__Sphingobacteriales	1 681	884
f__Lentimicrobiaceae	1 044	424
g__norank_f__Lentimicrobiaceae	1 037	420
o__Desulfuromonadales	664	76
o__Xanthomonadales	1 609	3 700
f__Xanthomonadales_Incertae_Sedis	1 479	3 047
g__norank_f__Xanthomonadales_Incertae_Sedis	1 438	2 690
f__Rhodocyclaceae	887	1 592

续表

微生物类群	sML	sXF
o__Rhodocyclales	887	1 592
g__*Halomonas*	50	696
f__Halomonadaceae	50	696
o__Oceanospirillales	51	703
g__BD1-7_clade	145	784
f__Spongiibacteraceae	145	784
o__Cellvibrionales	273	801

表 2-4-38　9 月份玉符河周王庄大桥沉积物中与睦里庄沉积物中具有显著差异的微生物类群（目至属水平）

微生物类群	sML	sZWZDQ
f__Draconibacteriaceae	1 484	102
o__Bacteroidia_Incertae_Sedis	1 484	102
g__norank_f__Draconibacteriaceae	1 484	102
o__Sphingobacteriales	1 681	714
g__norank_c__Acidobacteria	762	88
o__norank_c__Acidobacteria	762	88
g__norank_f__Lentimicrobiaceae	1 037	370
o__Desulfuromonadales	664	31
f__norank_c__Acidobacteria	762	88
f__Lentimicrobiaceae	1 044	448
f__Geobacteraceae	535	27
f__Syntrophaceae	185	1 963
o__Syntrophobacterales	377	2 104
o__Clostridiales	467	1 974
g__norank_c__Bacteroidetes_vadinHA17	538	2 042
o__norank_c__Bacteroidetes_vadinHA17	538	2 042
f__norank_c__Bacteroidetes_vadinHA17	538	2 042
g__*Smithella*	10	1 413
o__Anaerolineales	979	2 268

续表

微生物类群	sML	sZWZDQ
f__Anaerolineaceae	979	2 268
g__norank_f__Bacteriovoracaceae	7	695
o__Bdellovibrionales	75	703
f__Bacteriovoracaceae	66	698
f__Family_XIII	25	610
o__Deltaproteobacteria_Incertae_Sedis	74	625
o__norank_p__Omnitrophica	21	538
f__Syntrophorhabdaceae	74	625
g__Syntrophorhabdus	74	625
f__norank_p__Omnitrophica	21	538
f__Synergistaceae	0	483
f__Comamonadaceae	339	820
g__norank_p__Omnitrophica	21	538
o__Synergistales	0	483

表 2-4-39 12 月份辛丰庄水体中与睦里庄水体中具有显著差异的微生物类群(目至属水平)

微生物类群	wML	wXF
g__unclassified_f__Comamonadaceae	4 891	2 035
f__Cryomorphaceae	2 899	356
g__Fluviicola	2 740	305
f__Microbacteriaceae	2 081	60
f__Cytophagaceae	2 068	56
g__Pseudarcicella	2 046	17
g__norank_o__Opitutae_vadinHA64	1 149	14
f__norank_o__Opitutae_vadinHA64	1 149	14
f__Aeromonadaceae	48	3 995
g__Aeromonas	48	3 961
o__norank_c__Cyanobacteria	144	2 017
f__norank_c__Cyanobacteria	144	2 017
g__Acinetobacter	340	1 996

续表

微生物类群	wML	wXF
f__Moraxellaceae	358	2 029
f__Neisseriaceae	229	1 724
g__*Vogesella*	222	1 698
g__*Pseudomonas*	55	1 085
f__Pseudomonadaceae	55	1 085

表 2-4-40　12 月份鸭旺口水体中与睦里庄水体中具有显著差异的微生物类群(目至属水平)

微生物类群	wML	wYWK
g__unclassified_f__Comamonadaceae	4 891	1 537
f__Cryomorphaceae	2 899	165
g__*Fluviicola*	2 740	146
g__*Pseudarcicella*	2 046	9
f__Microbacteriaceae	2 081	92
f__Cytophagaceae	2 068	213
f__norank_o__Opitutae_vadinHA64	1 149	8
g__norank_o__Opitutae_vadinHA64	1 149	8
o__norank_c__Cyanobacteria	144	2 841
g__norank_c__Cyanobacteria	144	2 841
g__*Aeromonas*	48	2 989
f__Aeromonadaceae	48	3 023
f__Rhodobacteraceae	629	1 947
f__Moraxellaceae	358	1 691
g__*Acinetobacter*	340	1 674

表 2-4-41　12 月份大码头水体中与睦里庄水体中具有显著差异的微生物类群(目至属水平)

微生物类群	wML	wDMT
f__norank_c__Cyanobacteria	144	4 921
g__norank_c__Cyanobacteria	144	4 921
g__*Novosphingobium*	174	2 241

续表

微生物类群	wML	wDMT
f__Rhodobacteraceae	629	2 393
f__Sphingomonadaceae	1 147	2 361
g__unclassified_f__Comamonadaceae	4 891	1 793
f__Cryomorphaceae	2 899	211
g__*Fluviicola*	2 740	203
f__Comamonadaceae	6 997	4 892
g__*Pseudarcicella*	2 046	4
f__Microbacteriaceae	2 081	168
f__Cytophagaceae	2 068	327
g__norank_o__Opitutae_vadinHA64	1 149	3
f__norank_o__Opitutae_vadinHA64	1 149	3
g__unclassified_f__Microbacteriaceae	946	9

表2-4-42 12月份G35高速窑口水体中与睦里庄水体中具有显著差异的微生物类群(目至属水平)

微生物类群	wML	wG35
g__norank_c__Cyanobacteria	144	5 379
f__norank_c__Cyanobacteria	144	5 379
g__*Pseudomonas*	55	1 729
f__Pseudomonadaceae	55	1 729
g__*Malikia*	49	1 445
f__Rhodobacteraceae	629	2 072
f__Cryomorphaceae	2 899	91
g__*Fluviicola*	2 740	79
g__unclassified_f__Comamonadaceae	4 891	2 234
f__Microbacteriaceae	2 081	51
g__*Pseudarcicella*	2 046	0
f__Cytophagaceae	2 068	111
f__norank_o__Opitutae_vadinHA64	1 149	0
g__unclassified_f__Microbacteriaceae	946	3
g__norank_o__Opitutae_vadinHA64	1 149	0

表 2-4-43　12 月份还乡店水体中与睦里庄水体中具有显著差异的微生物类群（目至属水平）

微生物类群	wML	wHXD
f__norank_c__Cyanobacteria	144	2 996
g__norank_c__Cyanobacteria	144	2 996
o__Rhodobacterales	629	2 851
f__Rhodobacteraceae	629	2 851
g__Novosphingobium	174	2 051
g__unclassified_f__Rhodobacteraceae	501	1 884
f__Sphingomonadaceae	1 147	2 232
f__Cryomorphaceae	2 899	19
g__Fluviicola	2 740	18
g__unclassified_f__Comamonadaceae	4 891	2 347
g__Pseudarcicella	2 046	0
f__Microbacteriaceae	2 081	164
o__Cytophagales	2 341	316
f__norank_o__Opitutae_vadinHA64	1 149	1
g__norank_o__Opitutae_vadinHA64	1 149	1

表 2-4-44　12 月份玉符河周王庄大桥水体中与睦里庄水体中具有显著差异的微生物类群（目至属水平）

微生物类群	wML	wZWZDQ
o__Cytophagales	2 341	10
o__Micrococcales	2 082	152
g__Pseudarcicella	2 046	0
g__Limnohabitans	1 940	238
o__Frankiales	1 251	12
g__norank_o__Opitutae_vadinHA64	1 149	0
o__Opitutae_vadinHA64	1 149	0
f__norank_o__Opitutae_vadinHA64	1 149	0
f__Cryomorphaceae	2 899	56

续表

微生物类群	wML	wZWZDQ
f__Flavobacteriaceae	1 004	8 448
g__*Flavobacterium*	975	5 645
o__Bacteroidales	40	2 217
g__*Macellibacteroides*	0	1 204
g__*Novosphingobium*	174	1 015

表2-4-45 12月份黄河泺口浮桥水体中与睦里庄水体中具有显著差异的微生物类群(目至属水平)

微生物类群	wML	wLKFQ
f__Sporichthyaceae	1 249	8 473
g__hgcI_clade	309	7 591
f__norank_c__Cyanobacteria	144	4 610
g__norank_c__Cyanobacteria	144	4 610
g__norank_f__LD12_freshwater_group	18	1 620
f__LD12_freshwater_group	18	1 620
g__CL500-29_marine_group	41	1 552
f__Acidimicrobiaceae	50	1 555
f__Comamonadaceae	6 997	636
g__unclassified_f__Comamonadaceae	4 891	416
g__*Fluviicola*	2 740	411
f__Microbacteriaceae	2 081	147
g__*Limnohabitans*	1 940	61
g__*Pseudarcicella*	2 046	1
f__Cryomorphaceae	2 899	485
f__Cytophagaceae	2 068	156
g__norank_o__Opitutae_vadinHA64	1 149	20
f__norank_o__Opitutae_vadinHA64	1 149	20
f__Sphingomonadaceae	1 147	195
g__unclassified_f__Microbacteriaceae	946	1

表2-4-46 12月份辛丰庄沉积物中与睦里庄沉积物中具有显著差异的微生物类群（目至属水平）

微生物类群	sML	sXF
f__Draconibacteriaceae	1 484	187
g__norank_f__Draconibacteriaceae	1 484	187
g__norank_f__Draconibacteriaceae	1 484	187
f__Lentimicrobiaceae	1 044	424
g__norank_f__Lentimicrobiaceae	1 037	420
f__Xanthomonadales_Incertae_Sedis	1 479	3 047
g__norank_f__Xanthomonadales_Incertae_Sedis	1 438	2 690
f__Rhodocyclaceae	887	1 592
o__Rhodocyclales	887	1 592
g__Halomonas	50	696
f__Halomonadaceae	50	696

表2-4-47 12月份鸭旺口沉积物中与睦里庄沉积物中具有显著差异的微生物类群（目至属水平）

微生物类群	sML	sYWK
o__Bacteroidia_Incertae_Sedis	1 484	57
f__Draconibacteriaceae	1 484	57
g__norank_f__Draconibacteriaceae	1 484	57
o__Sphingobacteriales	1 681	644.
g__norank_f__Lentimicrobiaceae	1 037	131
f__Lentimicrobiaceae	1 044	134
o__Bacteroidales	864	60
o__Desulfuromonadales	664	30
f__Geobacteraceae	535	27
o__Desulfobacterales	600	120
f__norank_c__Nitrospira	149	897
o__norank_c__Nitrospira	149	897
g__Nitrospira	149	897
o__Hydrogenophilales	76	617

微生物类群	sML	sYWK
f__Hydrogenophilaceae	76	617
g__norank_c__Acidobacteria	762	1 242
g__*Thiobacillus*	42	569

表2-4-48　12月份大码头沉积物中与睦里庄沉积物中具有显著差异的微生物类群（目至属水平）

微生物类群	sML	sDMT
f__Rhodocyclaceae	887	2 196
f__Xanthomonadales_Incertae_Sedis	1 479	2 630
g__norank_f__Draconibacteriaceae	1 484	235
f__Draconibacteriaceae	1 484	235

表2-4-49　12月份G35高速窄口沉积物中与睦里庄沉积物中具有显著差异的微生物类群
（目至属水平）

微生物类群	sML	sG35
f__Rhodocyclaceae	887	2 594
f__Hydrogenophilaceae	76	1 613
g__*Thiobacillus*	42	1 457
f__Anaerolineaceae	979	1 841
f__Draconibacteriaceae	1 484	184
g__norank_f__Draconibacteriaceae	1 484	184

表2-4-50　12月份还乡店沉积物中与睦里庄沉积物中具有显著差异的微生物类群（目至属水平）

微生物类群	sML	sHXD
f__Anaerolineaceae	979	2 398
g__norank_f__Anaerolineaceae	810	1 778
f__Syntrophaceae	185	1 122
g__norank_f__Draconibacteriaceae	1 484	95
f__Draconibacteriaceae	1 484	95

表 2-4-51　12 月份玉符河周王庄大桥沉积物中与睦里庄沉积物中具有显著差异的微生物类群（目至属水平）

微生物类群	sML	sZWZDQ
f__Draconibacteriaceae	1 484	102
o__Bacteroidia_Incertae_Sedis	1 484	102
g__norank_f__Draconibacteriaceae	1 484	102
f__Syntrophaceae	185	1 963
o__norank_c__Bacteroidetes_vadinHA17	538	2 042
f__norank_c__Bacteroidetes_vadinHA17	538	2 042
g__Smithella	10	1 413
f__Anaerolineaceae	979	2 268

八、环境因子相关性分析

环境因子包括多种。本研究所有环境因子数据采自水体，没有对应沉积物的环境数据。本研究选择的环境因子如下：pH、氨氮、总氮、生化需氧量（BOD_5）、化学需氧量（COD）和溶解氧（DO）。本研究中的环境因子数据如表 2-4-52 所示。

表 2-4-52　本研究使用的环境因子数据

时间	断面	pH	氨氮/（mg/L）	总氮/（mg/L）	生化需氧量/（mg/L）	化学需氧量/（mg/L）	DO/（mg/L）
3 月	wXF	7.80	2.00	14.9	4.08	19.8	5.51
	wYWK	7.84	4.37	15.8	4.54	20.2	3.7
	wDMT	7.75	4.83	16.9	5.49	21.0	3.27
	wHXD	7.68	5.58	14.6	5.53	21.6	2.11
	wML	8.20	0.807	1.86	2.09	10	7.41
6 月	wXF	7.75	1.64	7.16	3.38	18	4.59
	wYWK	7.65	3.42	7.93	4.49	19	3.08
	wDMT	7.62	4.18	10.2	5.44	21	3.01
	wHXD	7.58	4.30	9.28	5.81	23	4.3
	wML	7.78	0.374	1.72	2.97	11	6.05

续表

时间	断面	pH	氨氮/（mg/L）	总氮/（mg/L）	生化需氧量/（mg/L）	化学需氧量/（mg/L）	DO/（mg/L）
9月	wXF	7.68	1.96	7.83	3.4	10	2.62
	wYWK	7.54	2.09	7.75	10.3	38	3.70
	wDMT	7.4	1.97	8.82	5.8	20	2.60
	wG35	7.49	6.5	8.67	8.9	31	—
	wHXD	7.46	2.58	10.2	6.4	22	2.41
	wML	8.03	0.192	1.14	2.8	9	6.18
	wZWZDQ	7.6	14.9	17	8.8	33	—
	wLKFQ	8.5	0.67	1.87	4.4	16	—
12月	wXF	7.97	4.10	16.2	5.14	22.6	5.9
	wYWK	7.95	5.29	12.7	5.19	20.4	6.64
	wDMT	7.89	5.29	16.5	5.19	20.4	5.61
	wHXD	7.90	4.67	12.7	3.78	20.3	6.52
	wML	8.09	0.565	1.64	3.87	10	7.94

注：12月使用2016年12月28日数据；9月溶解氧数据来自山东省济南生态环境监测中心例行监测数据，其他数据为金航检测提供数据，"—"表示数据缺失。

　　水体微生物丰度与环境因子相关性分析采用了RDA/CCA的方法，在不同月份和不同断面间得到了相对稳定的分析结果。

　　在各调查月份，睦里庄断面水体微生物丰度与水体pH和DO始终呈正相关关系，与氨氮、总氮、生化需氧量和化学需氧量始终呈负相关关系。

　　大码头和还乡店断面与睦里庄断面相反，水体微生物丰度与氨氮、总氮、生化需氧量和化学需氧量呈正相关关系，与pH和DO呈负相关关系。

　　辛丰庄断面在不同月份的表现不同。

　　3月和6月，辛丰庄断面与睦里庄断面有相近的结果；9月，水体微生物丰度与氨氮、总氮、生化需氧量和化学需氧量呈现弱负相关关系。

　　黄河泺口浮桥断面与睦里庄断面水体微生物丰度与环境因子的相关性一致，且相关性更强。周王庄大桥断面水体微生物丰度与氨氮、总氮、生化需氧量和化学需氧量呈强正相关关系，与pH和DO呈负相关关系。

水体微生物丰度与环境因子的相关性分析结果见图 2-4-148 至图 2-4-151。

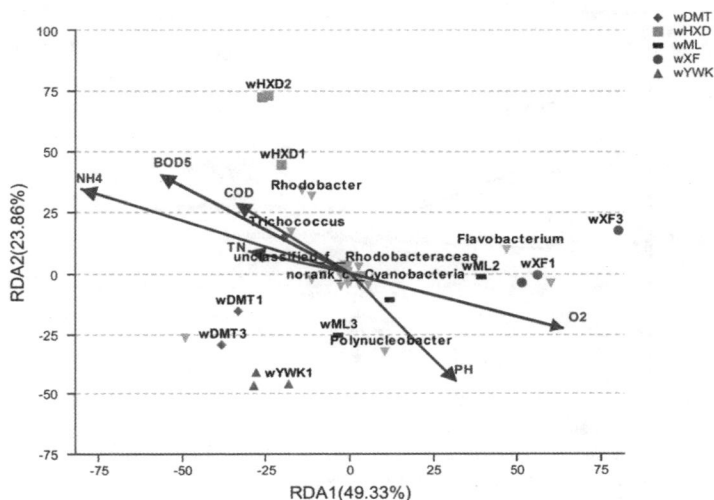

图 2-4-148　3 月份各断面水体微生物丰度与环境因子间的相关性

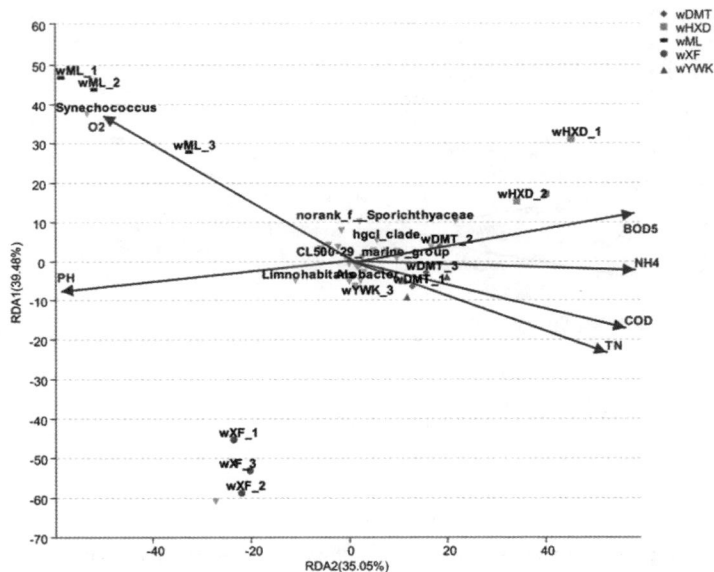

图 2-4-149　6 月份各断面水体微生物丰度与环境因子间的相关性

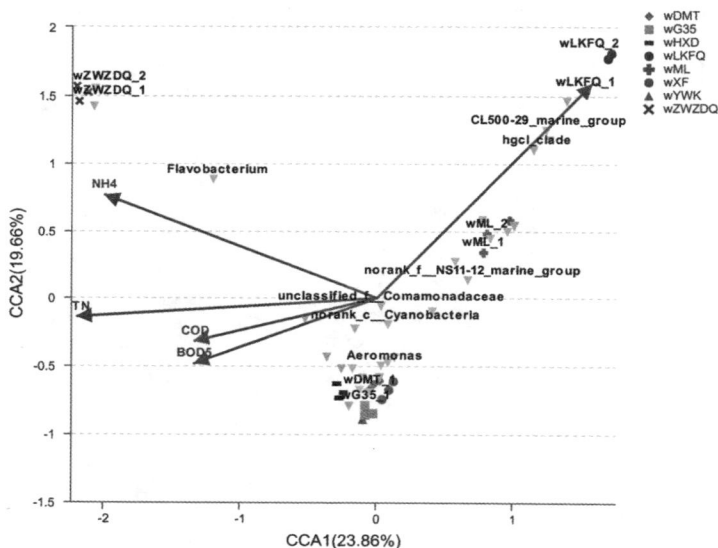

图 2-4-150　9 月份各断面水体微生物丰度与环境因子间的相关性

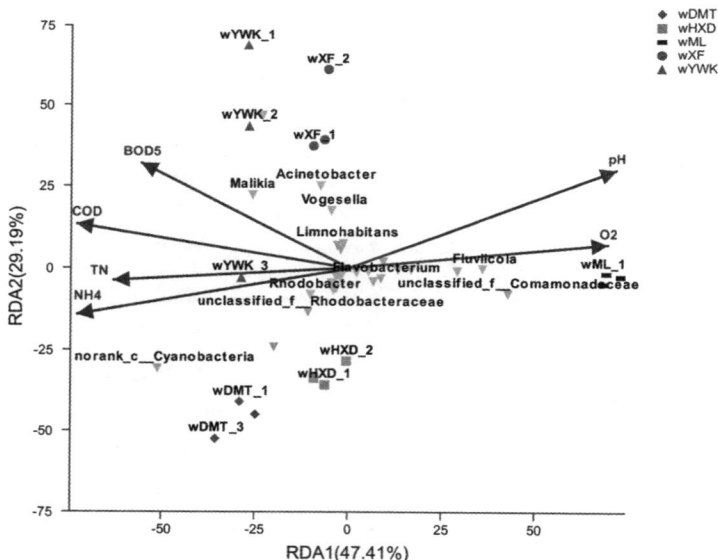

图 2-4-151　12 月份各断面水体微生物丰度与环境因子间的相关性

九、氨氮降解相关微生物分析

本研究利用环境因子与微生物间的相关性统计分析,得到不同环境因子与微生物科和属的相关性,重点分析了不同时间段与氨氮显著相关的微生物类群（表 2-4-53 和表 2-4-54,图 2-4-152 至图 2-4-159）。

表 2-4-53　小清河济南段与氨氮指标具有显著正相关性的的微生物科

	微生物科
3 月	Rhodobacteraceae*
	Aeromonadaceae*
	Bifidobacteriaceae**
	Lachnospiraceae*
	norank_p_Gracilibacteria**
	norank_p_SR1_Absconditabacteria*
	SJA-28**
	norank_p_Saccharibacteria**
	Clostridiaceae_1*
	Xanthomonadales_Incertae_Sedis*
	Peptostreptococcaceae**
	Cryptosporangiaceae*
	Erysipelotrichaceae**
	Acidimicrobiales_Incertae_Sedis***
	Carnobacteriaceae***
	Moracellaceae***
6 月	Rhodobacteraceae***
	norank_c_Cyanobacteria*
	Methylococcaceae***
	Familyl_o_Subsectionl**
	Mitochondira**
	Rhodocyclaceae**
	Familyl_o_SubsectionIII***
	Alcaligenaceae**
	MNG7**
	Acetobacteraceae**
	Peptostreptococcaceae**

续表

	微生物科
6月	Caulobacteraceae*
	Rhizobiales_Incertae_Sedis**
	norank_o_PeM15*
	Roseiflexaceae*
9月	Caulobacteraceae**
	Acetobacteraceae**
	Rhodocyclaceae***
	Peptostreptococcaceae***
	Erysipelotrichaceae*
	Xanthomonadaceae**
	Rhizobiaceae**
	Enterobacteriaceae**
	Rikenellaceae**
	Porphyromonadaceae*
	Bacteroidaceae**
12月	Saprospiraceae***
	norank_c_Cyanobacteria***
	Caulobacteraceae**
	Rhizobiales_Incertae_Sedis*
	Roseiflexaceae**
	Planctomycetaceae**
	Familyl_o_Subsectionl***
	Mitochondria**
	Rhodobacteraceae**
	Familyl_o_Subsectionlll**
	Methylococcaceae**
	Rhodocyclaceae*
	Methylocystaceae*
	Campylobacteraceae*

注：* 指 $0.01 < P \leqslant 0.05$；** 指 $0.001 < P \leqslant 0.01$；*** 指 $P \leqslant 0.001$。

表 2-4-54　小清河济南段与氨氮指标具有显著正相关性的的微生物类属

	微生物属
3 月	*Bifidobacterium***
	*Aeromonas**
	Candidatus_*Microthrix***
	*Aquabacterium***
	*Trichococcus***
	*Acinetobacter***
	norank_p_Gracilibacteria**
	norank_p_Saccharibacteria**
	Clostridium_sensu_stricto_1**
	*Romboutsia***
	*Fodinicola**
6 月	CL500-29_marine-group**
	Candidatus-*Aquiluna***
	*Hydrogenophaga***
	MWH-Ta3***
	unclassified_c_Mollicutes***
	*Flavobacterium***
	*Alpinimonas***
	Candidatus_*Rhodoluna***
	*Leucobacter***
	Candidatus_*Limnoluna**
	unclassified_f_Sporichthyaceae**
	*Aeromonas***
	PRD01a011B**
	*unclassified_k_norank**
	hgcl_clade*
9 月	*Malikia***
	*Cloacibacterium***
	*Macellibacteroides***

	微生物属
9月	Hydrogenophaga***
	unclassified_f_Alcaligenaceae***
	Comamonas***
	Novosphingobium**
	Rhodobacter**
	Thauera**
	Runella*
	Lautropia*
	12up*
	Erysipelothrix*
12月	Malikia***
	norank_f_Saprospiraceae***
	12up**
	Candidatus_Aquirestis***
	Dinghuibacter*
	unclassified_f_Rhodobacteraceae*
	unclassified_f_Alcaligenaceae*
	Hydrogenophaga**
	Lautropia*
	Runella***
	Lautropia*
	norank_c_Cyanobacteria***
	Methyloparacoccus**
	Thauera**
	Rhodobacter***
	unclassified_f_Planctomycetaceae***
	Alsobacter*
	Novosphingobium**
	Phenylobacterium**

注：* 指 $0.01 < P \leqslant 0.05$；** 指 $0.001 < P \leqslant 0.01$；*** 指 $P \leqslant 0.001$。

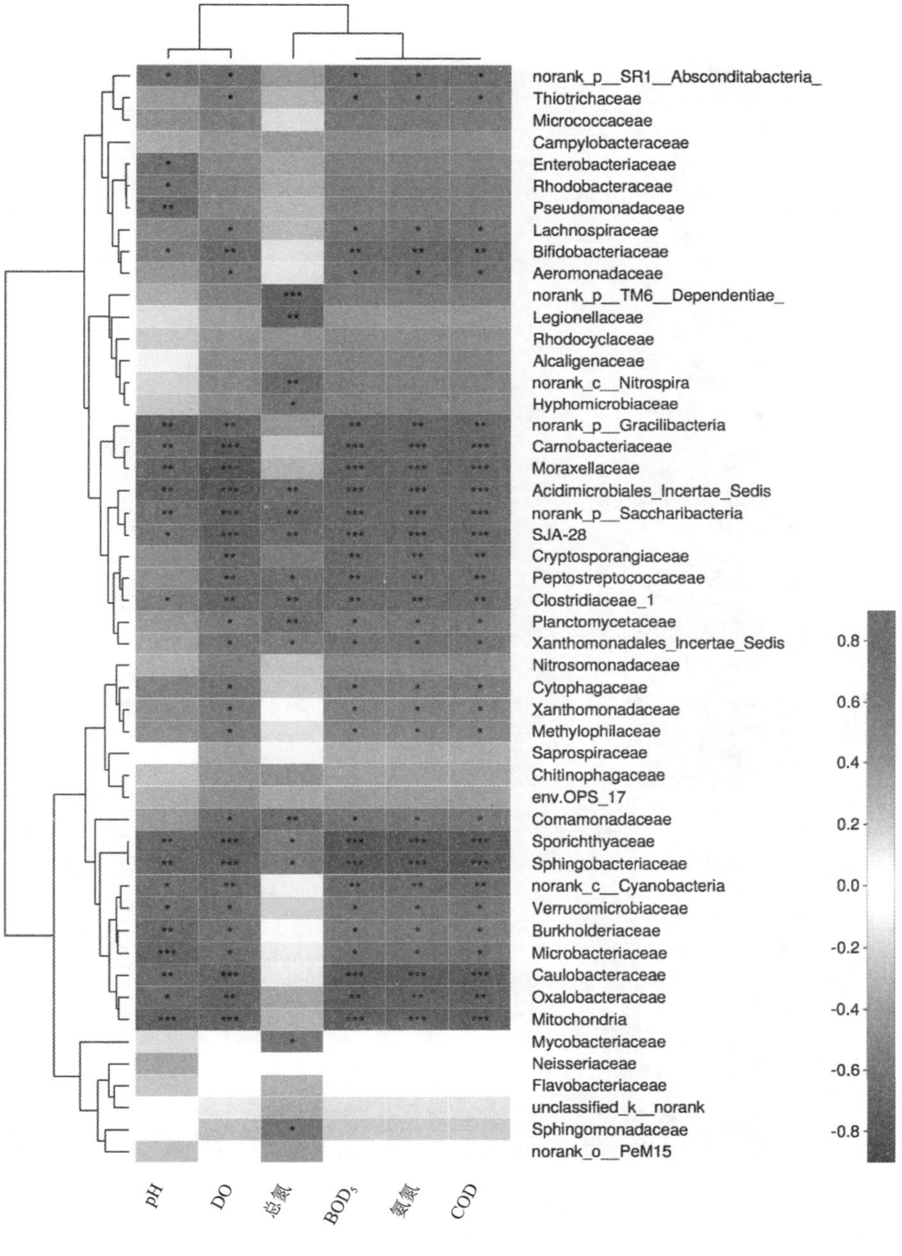

图 2-4-152　3 月份环境因子与微生物科的相关性热图

彩图见附录。

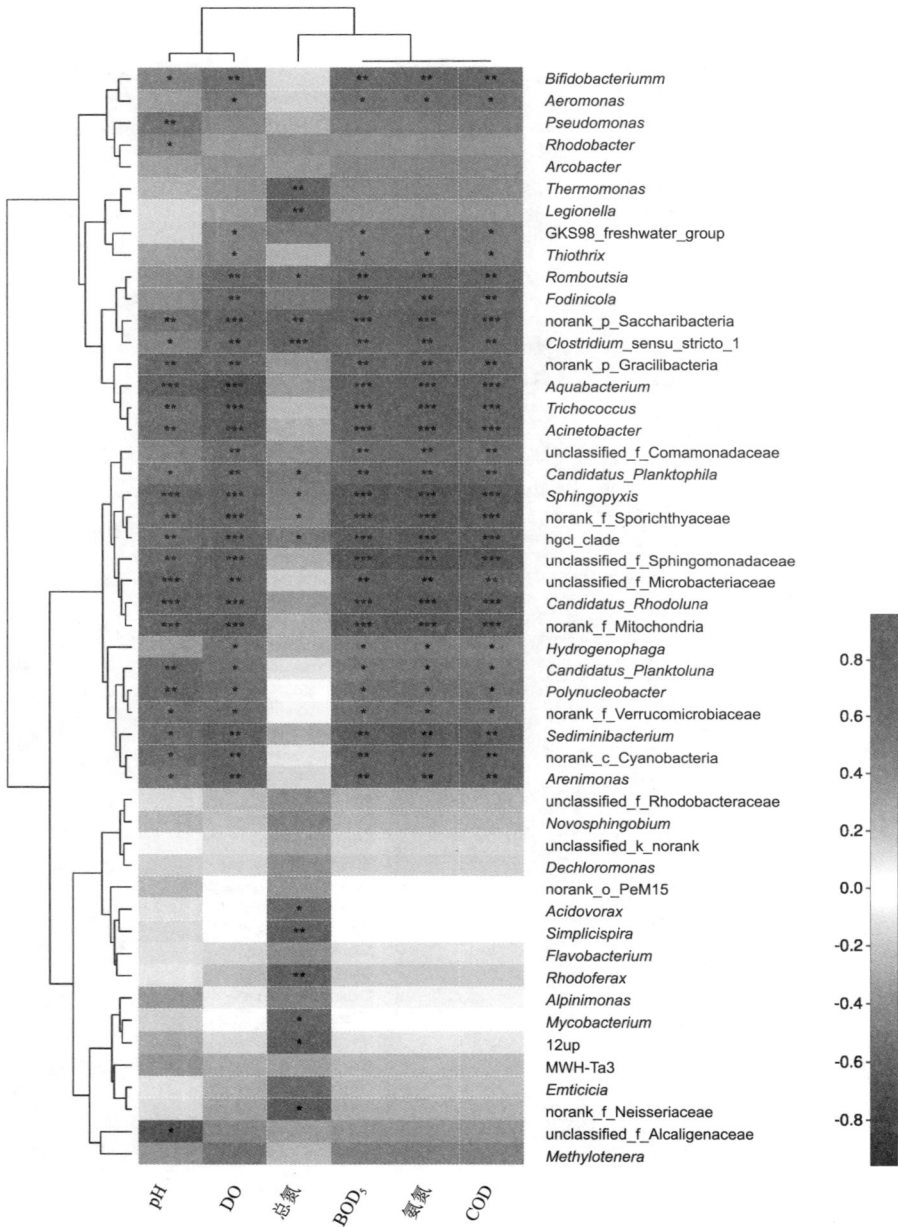

图 2-4-153　3月份环境因子与微生物属的相关性热图
彩图见附录。

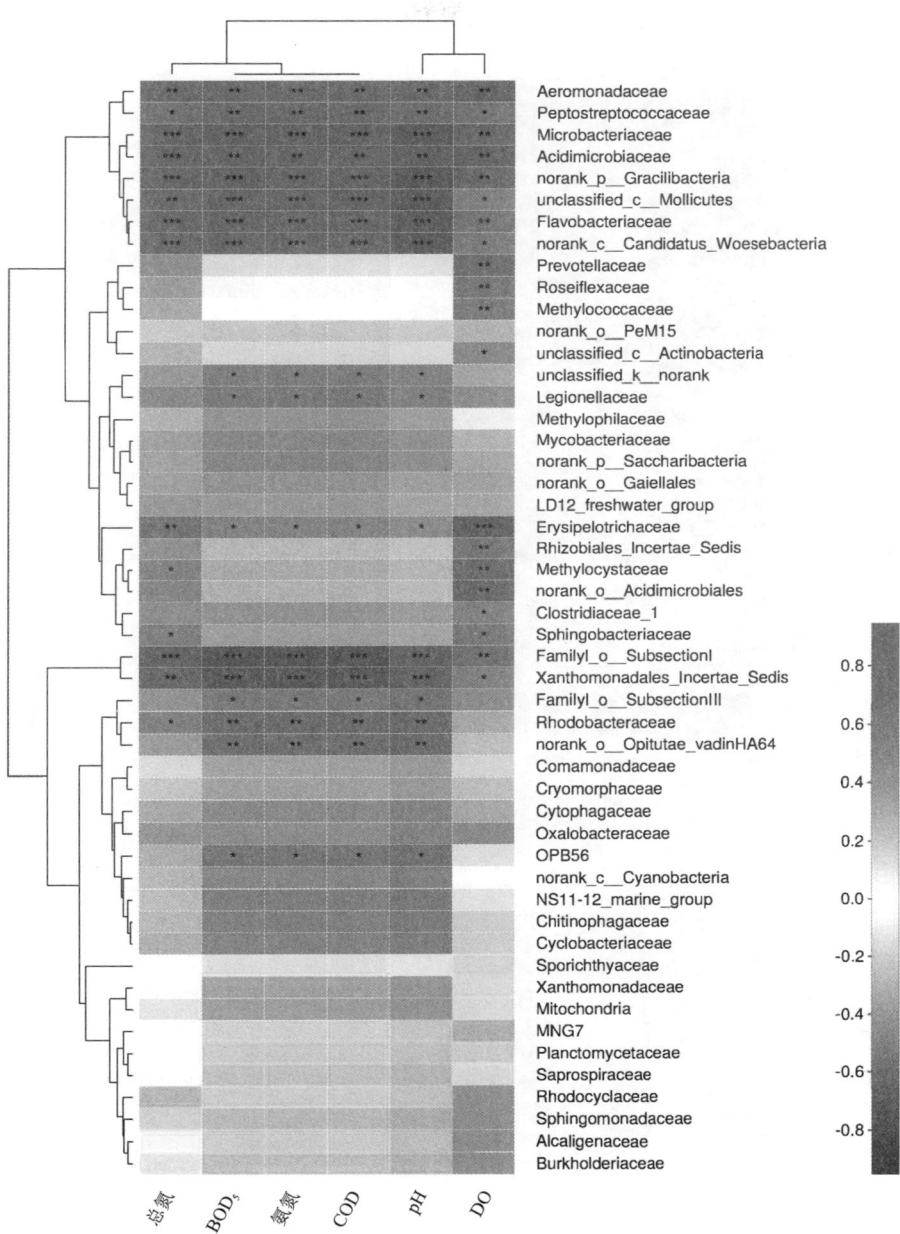

图 2-4-154　6 月份环境因子与微生物科的相关性热图

彩图见附录。

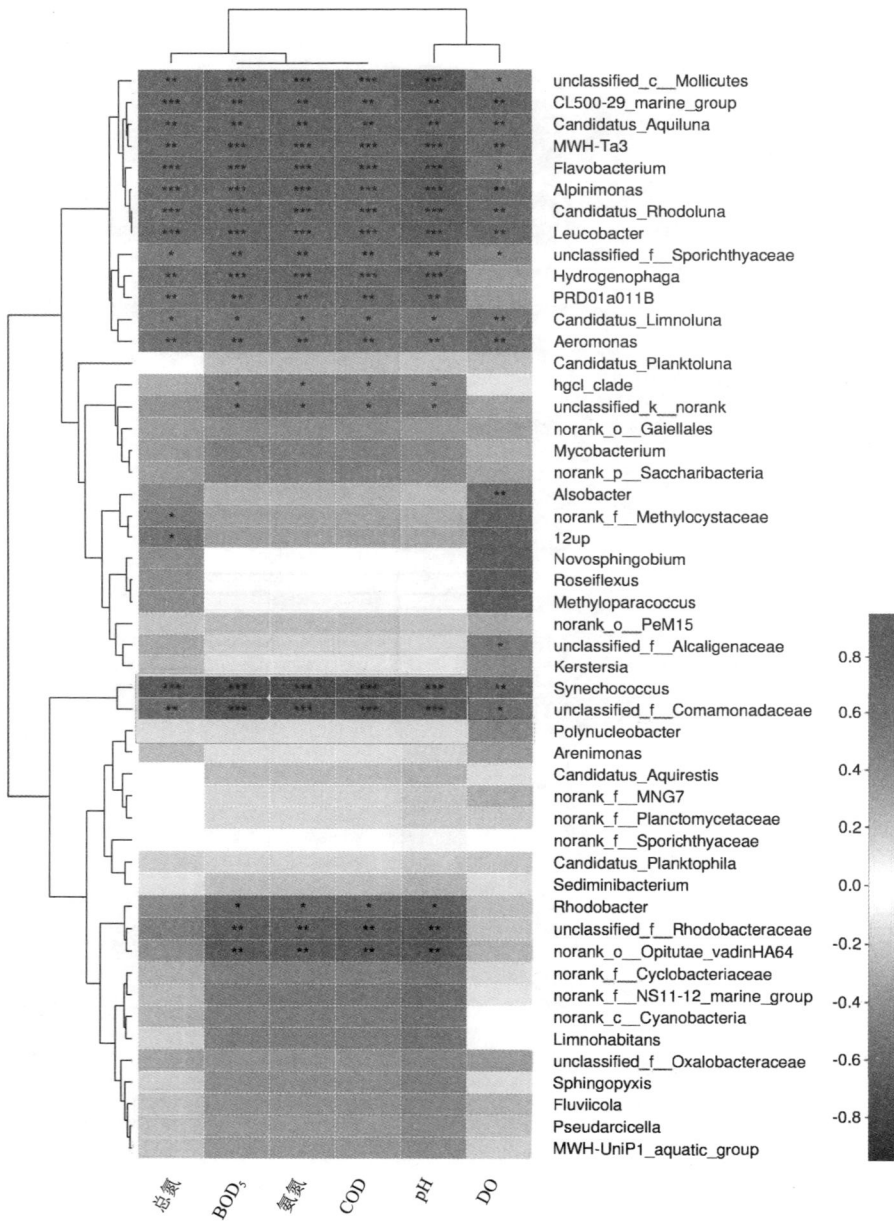

图 2-4-155　6月份环境因子与微生物属的相关热图

彩图见附录。

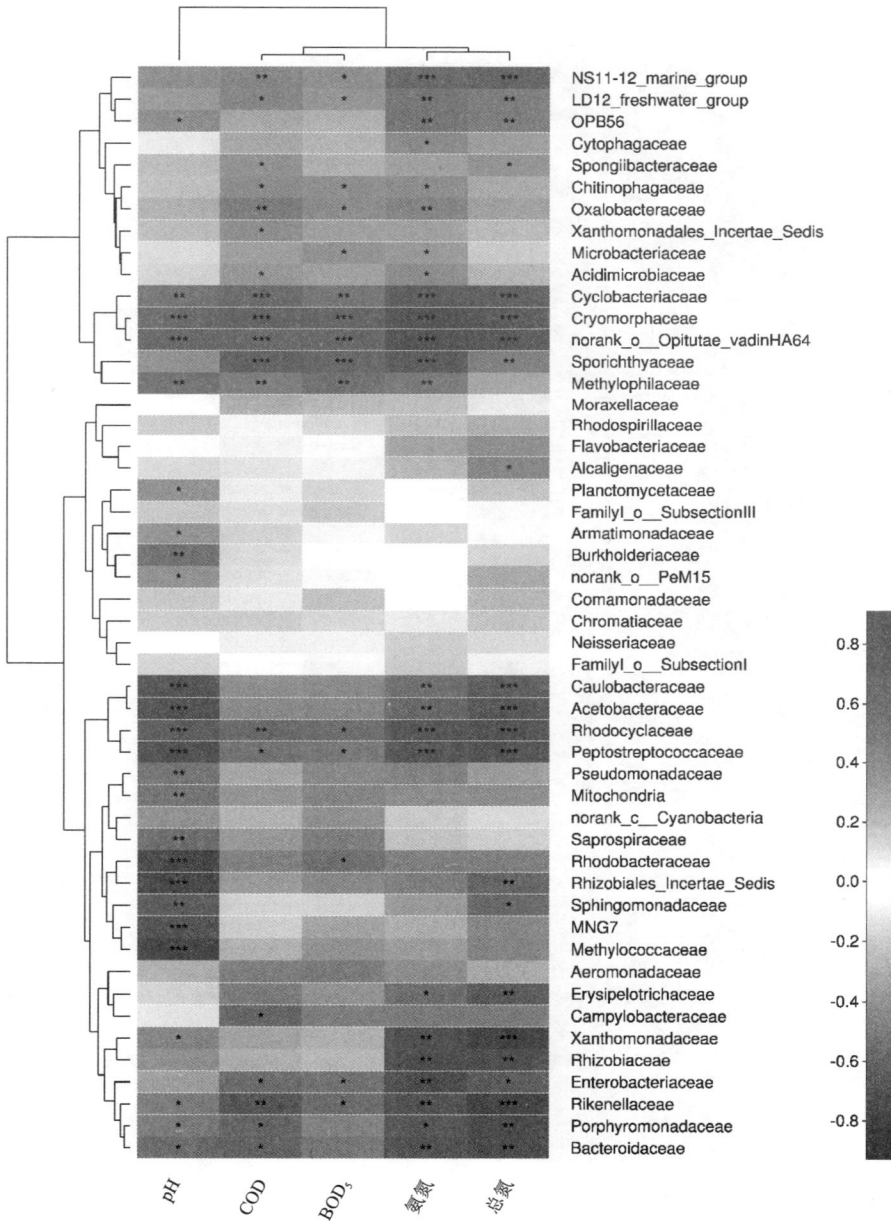

图 2-4-156　9月份环境因子与微生物科的相关性热图
彩图见附录。

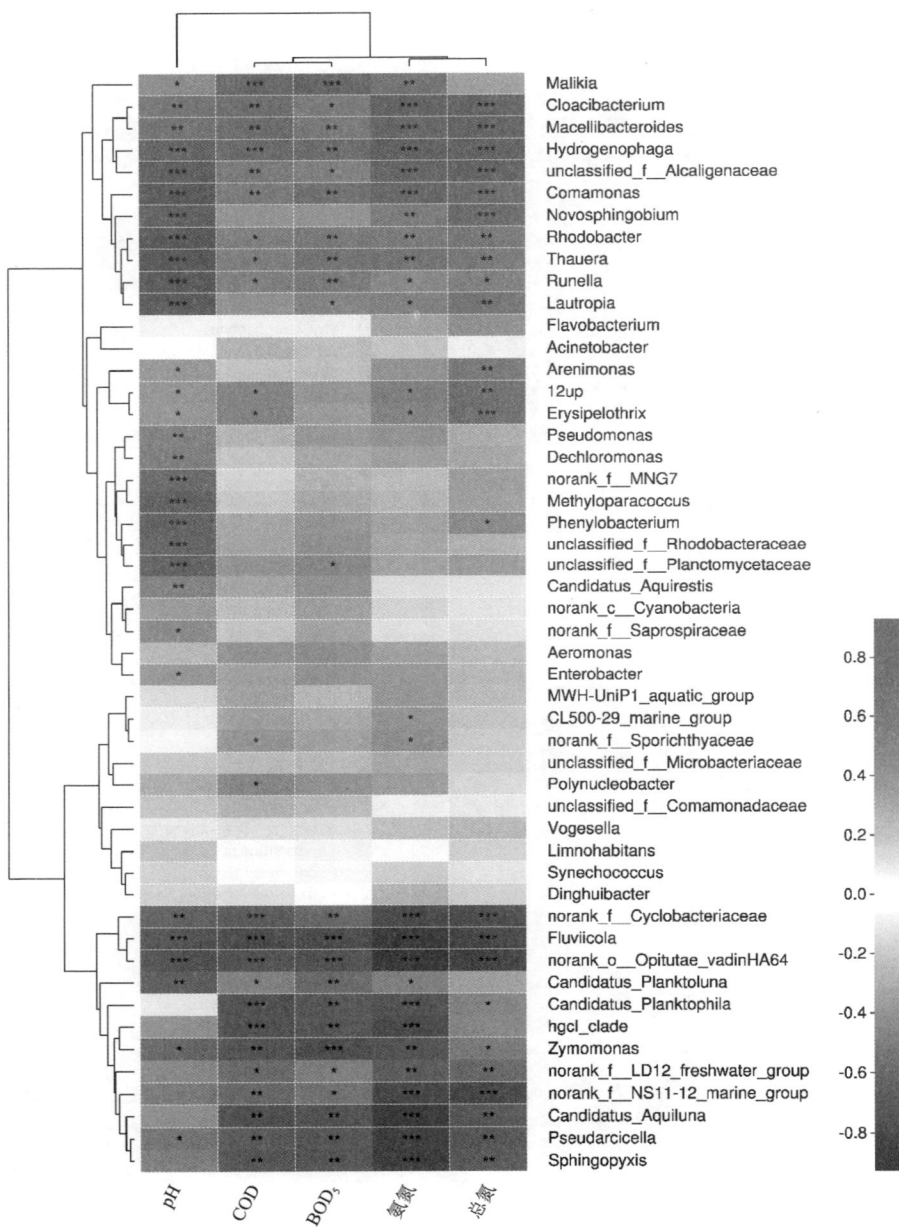

图 2-4-157　9 月份环境因子与微生物属的相关性热图
彩图见附录。

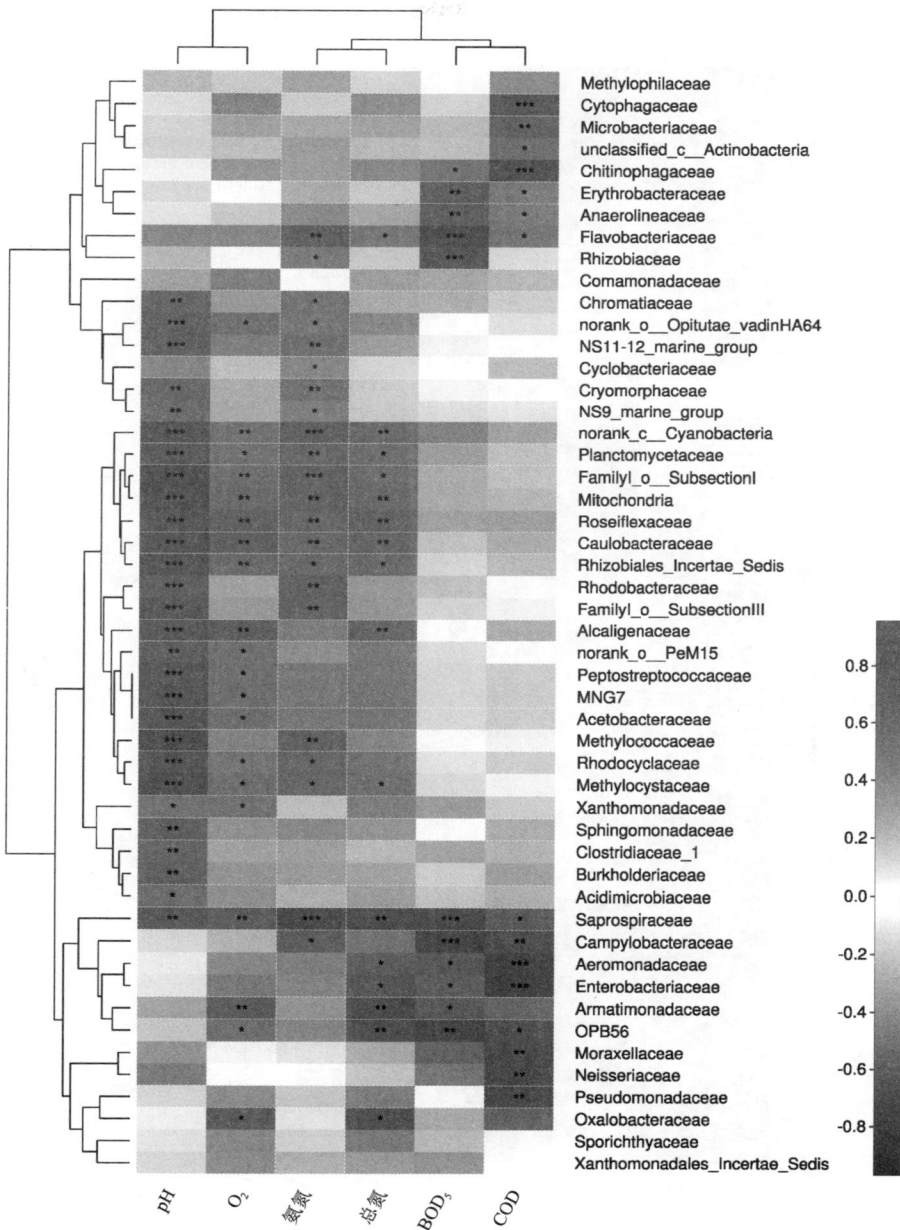

图 2-4-158　12 月份环境因子与微生物科的相关性热图

彩图见附录。

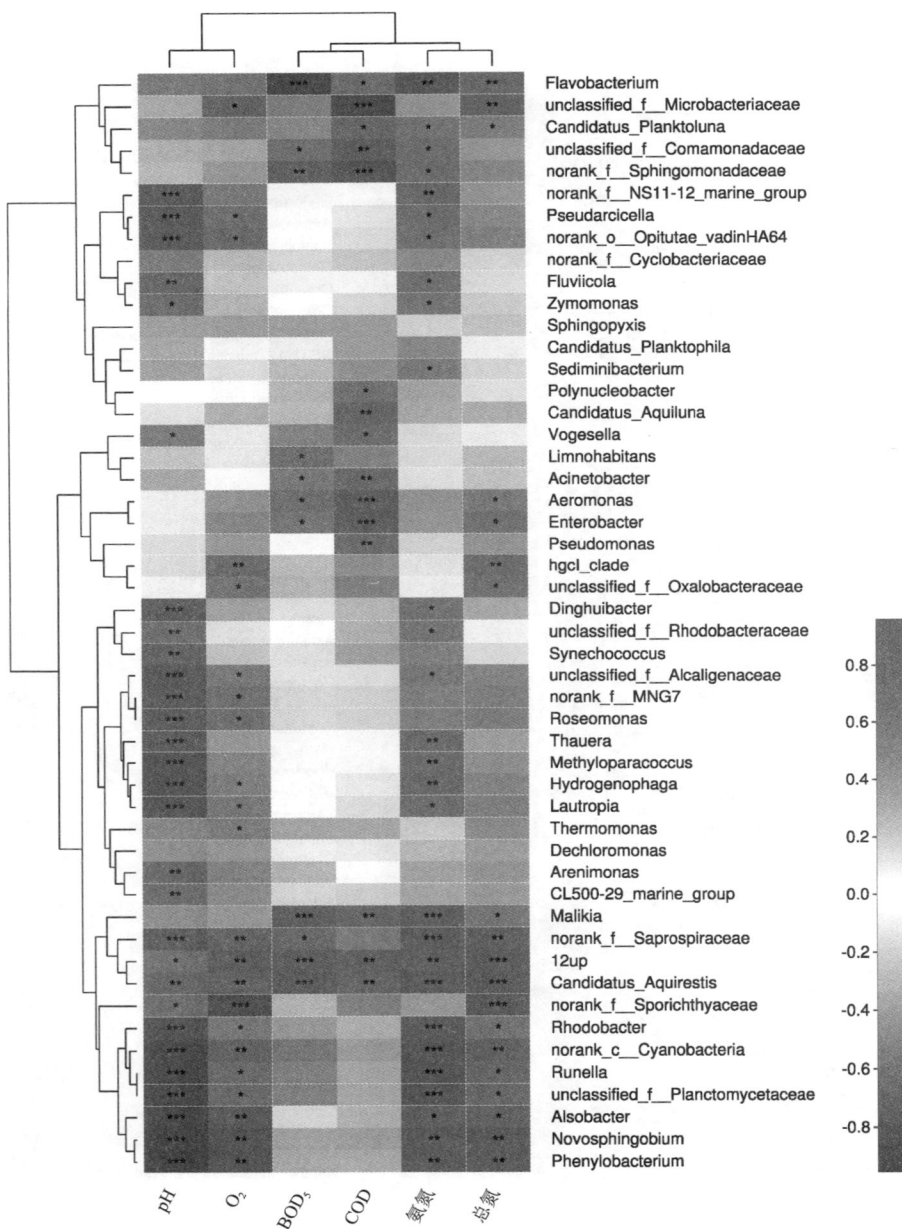

图 2-4-159　12月份环境因子与微生物属的相关性热图

彩图见附录。

通过广泛收集文献，整理了参与氨氧化、硝化、好氧反硝化、厌氧反硝化等过程的微生物种类（表 2-4-55，参考文献仅列出综述性或首次报道文献）。

表 2-4-55　氨氮相关微生物类群

科	属	主要功能	参考文献
红螺菌科 Rhodospirillaceae	—	反硝化菌	肖晶晶等，2009
噬纤维菌科 Cytophagaceae	—	脱氮除磷	Krustok 等，2005
鞘脂杆菌科 Sphingobacteriaceae	—	反硝化菌	Fukami 等，1992
亚硝化单胞菌科 Nitrosomonadaceae	—	参与硝化过程	段亮等，2009
腐螺旋菌科 Saprospiraceae	—	参与脱氮除磷	李哿，2011
莫拉菌科 Moraxellaceae	不动杆菌属 Acinetobacter	异养硝化-好氧反硝化菌	孙庆花等，2016
	嗜冷杆菌属 Psychrobacter	反硝化微生物	Pai 等，1999
红细菌科 Rhodobacteraceae	红细菌属 Rhodobacter	好氧反硝化菌	李小义等，2016
	副球菌属 Paracoccus	反硝化微生物	Patureau 等，2000b
丛毛单胞菌科 Comamonadaceae	丛毛单胞菌属 Comamonas	异养硝化-好氧反硝化菌	苏婉昀等，2013
	噬酸菌属 Acidovorax	氢自养反硝化，反硝化脱氮	Vasiliadou 等，2009；Nalcaci 等，2011
	嗜氢菌属 Hydrogenophaga	异养硝化-好氧反硝化菌	赵文莉等，2015
	戴尔福特菌属 Delftia	反硝化微生物	翟茜等，2007
假单胞菌科 Pseudomonadaceae	假单胞菌 Pseudomonas	异养硝化-好氧反硝化菌、反硝化聚磷菌	肖晶晶等，2009；李小义等，2016；翟茜等，2007；胡宝兰等，2006
Azonexaceae	脱氯单胞菌属 Dechloromonas	好氧反硝化菌、氨氧化菌	王硕等，2017；郑林雪等，2015

续表

科	属	主要功能	参考文献
盐单胞菌科 Halomonadaceae	盐单胞菌属 *Halomonas*	异养硝化-好氧反硝化菌	孙雪梅等,2012
黄杆菌科 Flavobacteriaceae	黄杆菌属 *Flavobacterium*	好氧反硝化菌	肖晶晶等,2009;Calvo 等,2004
泉发菌科 Crenotrichaceae	铁细菌属 *Crenothrix*	参与生物除磷	李小义等,2016
分枝杆菌科 Mycobacteriaceae	分枝杆菌属 *Mycobacterium*	脱氮、降解有机污染物	Brakstad 等,2006;Van Hamme 等,2003;
芽胞杆菌科 Bacillaceae	芽孢杆菌属 *Bacillus*	反硝化微生物	张小玲和梁运祥,2006
产碱杆菌科 Alcaligenaceae	*Alcaligenes*	反硝化微生物	Pai 等,1999
肠杆菌科 Enterobacteriaceae	克雷伯氏菌属 *Klebsiella*	反硝化微生物,异养硝化-好氧反硝化菌	Kim 等,2002;孙庆花等,2016
布鲁氏菌科 Brucellaceae	苍白杆菌 *Ochrobactrum*	反硝化微生物	Pai 等,1999
奈瑟氏球菌科 Neisseriaceae	微枝杆菌属 *Microvirgula*	反硝化微生物	Patureau 等,2000a
诺卡氏菌科 Nocardiaceae	红球菌属 *Rhodococcus*	异养硝化-好氧反硝化菌	司文攻等,2011
微球菌科 Micrococcaceae	节杆菌属 *Arthrobacter*	异养硝化-好氧反硝化菌	司文攻等,2011
Zoogloeaceae	动胶菌属 *Zoogloea*	反硝化微生物	Lukow 等,1997
Xanthomonadaceae	*Stenotrophomonas*	反硝化微生物	廖绍安等,2006

调查断面富含大量与氨氮降解过程密切相关的微生物类群。大量类群高频率地出现在其他研究报道中,是常见的氨氮降解相关微生物,如莫拉菌科 Moraxellaceae、红细菌科 Rhodobacteraceae、丛毛单胞菌科 Comamonadaceae 中的微生物等。多种微生物类群虽然不常出现在文献报道中,但是以非常高的丰度和显著的氨氮相关性分布于调查断面,如肉杆菌科 Carnobacteriaceae、红环菌科 Rhodocyclaceae 等。这些微生物类群构成本土化氨氮降解微生物的潜在菌库。

第五章 结 论

本研究采用高通量测序技术获得了小清河济南段各调查断面水体和沉积物中微生物群落 16S RNA 基因序列的原始数据；将数据进行严格标准化后，获得了各调查断面微生物群落结构的信息。在此基础上，结合环境因子数据，选择合理的统计分析模型和严格的统计检验方法，深入分析了调查断面环境指示微生物，以及与氨氮降解相关的微生物，得到了可靠的结论。

稀释曲线说明各次测序数据量足够大，可以反映各断面微生物多样性信息。微生物等级－丰度曲线反映各断面水体和底泥微生物的均匀度和丰度。所有断面在各采样时间的数据都表明沉积物微生物群落的均匀度和丰度明显高于水体微生物群落。从断面间微生物群落多样性指数检验结果看，辛丰庄、睦里庄断面与大码头、G35 高速窄口、还乡店断面可以形成 3 个差异明显的断面，中段各断面区别经常不明显。但是后续 PCA 分析发现，中段还乡店断面是相对独特的断面。断面间差异检验结果说明研究断面设置合理，能够从整体上反映研究区域的微生物群落状态。此处建议，将大码头、G35 高速窄口合并，鸭旺口、辛丰庄合并，形成睦里庄、还乡店、大码头、辛丰庄 4 个断面，开展今后小清河济南段相关研究工作。

一、微生物群落结构

以黄河泺口浮桥断面为参考，将小清河济南段作为整体，分析了小清河济南段微生物群落组成，发现小清河济南段与泺口浮桥断面水体和沉积物中存在大量共有微生物，也有相当含量的特有微生物类群。

以 6 月份数据为例分析小清河济南段水体和沉积物微生物群落。小清河济南段水体微生物群落在门阶元上的组成如下：Proteobacteria 所占比例为 33.74%，Actinobacteria 所占比例为 30.76%，Cyanobacteria 所占比例为 7.67%，Chloroflexi 所占比例为 2.10%，Firmicutes 所占比例为 2.01%，Planctomycetes 所占比例为

1.00%。小清河济南段沉积物微生物群落在门阶元上的组成如下：Proteobacteria 所占比例为 44.01%，Actinobacteria 所占比例为 10.68%，Bacteroidetes 所占比例为 9.32%，Chlooroflexi 所占比例为 8.16%，Acidobacteria 所占比例为 7.11%，Cyanobacteria 所占比例为 5.47%，Planctomycetes 所占比例 4.71%，Firmicutes 所占比例为 4.40%，Ignavibacteriae 所占比例为 1.20%。小清河济南段水体和沉积物微生物在门阶元差别不大，二相共有 48 门微生物，沉积物特有 4 门，水体特有 2 门，沉积物中含有更加丰富的微生物类群，表明水体微生物群落与沉积物微生物群落有着极其密切的互通关系。

二、指示微生物群

各断面均存在大量低丰度(< 1%)特有类群。但是由于微生物受环境因子变动影响大，高通量测序技术本身可能存在的假阳性，这些低丰度类群在同时同断面的不同样品中不都存在，不能作为稳定的指示微生物。寻找丰度相对高且具有显著差异的微生物，作为复杂环境的指示微生物。

本研究明确将选定的微生物群作为小清河断面指示微生物。LEfSe 分析是寻找群落间具有显著差异的类群的方法。以睦里庄为参考断面，当 LDA 值为 4 时，有显著差异的微生物类群能够简单明确地区别断面间微生物群落。以 6 月份睦里庄与还乡店为例，Microbacteriaceae、Flavobacteriaceae、Acidimicrobiaceae 等科以高丰度分布于还乡店，是与睦里庄有显著差异的类群。Comamonadaceae、Cytophagaceae 等科以高丰度分布于睦里庄，是与还乡店有显著差异的类群。其他采样时间各断面间的显著差异微生物类群，均可通过 LDA 判别式得到。

三、环境因子相关性分析

环境因子相关性分析采用了 RDA/CCA 的分析方法，在不同月份和不同断面间得到了相对稳定的分析结果。睦里庄断面与水体 pH 和溶解氧始终呈正相关关系，与氨氮、总氮、生化需氧量和化学需氧量始终呈负相关关系。大码头和还乡店断面与睦里庄断面相反，与氨氮、总氮、生化需氧量和化学需氧量呈正相关关系，与 pH 和溶解氧呈负相关关系。辛丰庄断面在不同月份的表现不同。3 月和 6 月，辛丰庄断面与睦里庄断面有相近的趋势;9 月表现较差，与氨氮、总氮、生化需氧量和化学需氧量呈现弱负相关关系。

黄河泺口浮桥断面与睦里庄断面与环境因子的相关性一致，且相关性更强。周王庄大桥断面与氨氮、总氮、生化需氧量和化学需氧量呈强正相关关系，与pH呈负相关关系。周王庄大桥断面不适合作为整个玉符河的监测断面。

四、氨氮降解相关微生物分析

本研究利用环境因子与微生物间的相关性统计分析，得到不同环境因子与微生物科和属的相关性。通过广泛收集文献，整理了参与氨氧化、硝化、好氧反硝化、厌氧反硝化等过程的微生物种类。

调查断面富含大量与氨氮降解过程密切相关的微生物类群。大量类群高频率地出现在其他研究报道中，是常见的氨氮降解相关微生物，如莫拉菌科Moraxellaceae、红细菌科Rhodobacteraceae、丛毛单胞菌科Comamonadaceae的微生物。多种微生物类群虽然不常出现在文献报道中，但是以非常高的丰度分布于调查断面，且与氨氮具有显著相关性如肉杆菌科Carnobacteriaceae、红环菌科Rhodocyclaceae。这些微生物类群是本土化氨氮降解微生物的潜在菌库。

五、微生物水质修复方案建议

调查发现在小清河济南段存在与氨氮具有极显著相关性的微生物，这些微生物可在进行小清河水质净化时发挥作用。研究发现在氨氮降解微生物中，利用硝化菌群进行氨氮污染水体强化修复具有显著的效果（何晓红等，2008）。因此可应用小清河中的硝化菌群，如 Acinetobacter、Comamonas、Halomonas、Hydrogenophaga 进行水质净化。在利用微生物进行水质净化时，需根据水体流速、污染水体氨氮浓度以及微生物氨氧化负荷来确定硝化菌群的释放量。虽然硝化菌群能够增强水体的自净能力，但是它们的多样性和分布特点与环境条件紧密相关。在某些环境条件下，微生物可能无法定植，氨氧化负荷也可能降低，以致无法达到水质净化的目的。研究表明氮循环菌和水生植物都有较大的净化水质的潜能，并且两者相结合时表现出了最佳的净水效果（唐静杰等，2009；常会庆等，2007）。植物-微生物系统为微生物提供了稳定环境，在实际应用中可根据不同控制单元的污染情况设置不同的植物-微生物水体净化系统。

参 考 文 献

BAE H S, RASH B A, RAINEY F A, et al, 2007. Description of *Azospira restricta* sp. nov., a nitrogen-fixing bacterium isolated from groundwater[J]. *International Journal of Systematic and Evolutionary Microbiology*, 57 (7): 1521-1526.

BRAKSTAD O G, BONAUNET K, 2006. Biodegradation of petroleum hydrocarbons in seawater at low temperatures (0-5℃) and bacterial communities associated with degradation[J]. *Biodegradation*, 17 (1): 71-82.

CALVO L, VILA X, ABELLA C, et al, 2004. Use of the ammonia-oxidizing bacterial-specific phylogenetic probe Nso1225 as a primer for fingerprint analysis of ammonia-oxidizer communities[J]. *Applied Microbiology and Biotechnology*, 63 (6): 715-721.

FUKAMI K, YUZAWA A, NISHIJIMA T, 1992. Isolation and properties of a bacterium inhibiting the growth of *Gymnodinium nagasakiense*[J]. *Nippon Suisan Gakkaishi*, 58 (6): 1073-1077.

KIM Y J, YOSHIZAWA M, TAKENAKA S, et al, 2002. Isolation and culture conditions of a *Klebsiella pneumoniae* strain that can utilize ammonium and nitrate ions simultaneously with controlled iron and molybdate ion concentrations[J]. *Bioscience, Biotechnology, and Biochemistry*, 66 (5): 996-1001.

KRUSTOK I, TRUU J, ODLARE M, et al, 2015. Effect of lake water on algal biomass and microbial community structure in municipal wastewater-based lab-scale photobioreactors[J]. *Applied Microbiology and Biotechnology*, 99 (15): 6537-6549.

LEISNER J J, LAURSEN B G, PRÉVOST H, et al, 2007. Carnobacterium: positive and negative effects in the environment and in foods[J]. *FEMS Microbiology*

Reviews, 31（5）：592-613.

LUKOW T, DIEKMANN H, 1997. Aerobic denitrification by a newly isolated heterotrophic bacterium strain TL1[J]. *Biotechnology Letters*, 19（11）：1157-1159.

NALCACI O, BÖKE N, OVEZ B, 2011. Potential of the bacterial strain *Acidovorax avenae* subsp. *avenae* LMG 17238 and macro algae *Gracilaria verrucosa* for denitrification[J]. *Desalination*, 274（1）：44-53.

PAI S L, CHONG N M, CHEN C H, 1999. Potential applications of aerobic denitrifying bacteria as bioagents in wastewater treatment[J]. *Bioresource Technology*, 68（2）：179-185.

PATUREAU D, BERNET N, DELGENES J, et al, 2000a. Effect of dissolved oxygen and carbon-nitrogen loads on denitrification by an aerobic consortium[J]. *Applied Microbiology and Biotechnology*, 54（4）：535-542.

PATUREAU D, ZUMSTEIN E, DELGENES J, et al, 2000b. Aerobic denitrifiers isolated from diverse natural and managed ecosystems[J]. *Microbial Ecology*, 39（2）：145-152.

SEGATA N, IZARD J, WALDRON L, et al, 2011. Metagenomic biomarker discovery and explanation[J]. *Genome Biology*, 12（6）：R60.

VAN HAMME J D, SINGH A, WARD O P, et al, 2003. Recent advances in petroleum microbiology[J]. *Microbiology and Molecular Biology Reviews*, 67（4）：503-549.

VASILIADOU I, PAVLOU S, VAYENAS D, 2009. Dynamics of a chemostat with three competitive hydrogen oxidizing denitrifying microbial populations and their efficiency for denitrification[J]. *Ecological Modelling*, 220（8）：1169-1180.

WANG H, HU C, HU X, et al, 2012. Effects of disinfectant and biofilm on the corrosion of cast iron pipes in a reclaimed water distribution system[J]. *Water Research*, 46（4）：1070-1078.

ZHANG H, SEKIGUCHI Y, HANADA S, et al, 2003. *Gemmatimonas aurantiaca* gen. nov., sp. nov., a Gram-negative, aerobic, polyphosphate-accumulating micro-organism, the first cultured representative of the new bacterial phylum

Gemmatimonadetes phyl. nov[J]. *International Journal of Systematic and Evolutionary Microbiology*, 53（4）:1155-1163.

ARRIGO K, DIMLIO G R, DUNBAR R B, et al, 2000. Phytoplankton taxonomic variability in nutrient utilization and primary production in the Ross Sea[J]. *Journal of Geophysical Research*, 105（4）:8827-8846.

ASHTON E C, 2002. Mangrove sesarmid crab feeding experiments in Peninsular Malaysia[J]. *Journal of Experimental and Marine Biology and Ecology*. 273(1): 97-119.

BATES N R, HANSELL D A, CARLSON C A, et al, 1998. Distribution of CO_2 species, estimates of net community production, and air-sea CO_2 exchange in the Ross Sea polynya[J]. *Journal of Geophysical Research*, 103（2）:2883-2896.

BENKE A C, 1984. Secondary production of aquatic insects[M]//RESH V H, ROSENBERG D M. The Ecology of Aquatic Insects. New York:Prager Scientific:289-322.

BEUKEMA J J, ESSINKK, MICHAELIS H, 1996. The geographic scale of synchronized fluctuation patterns in zoobenthos populations as a key to underlying factors:climatic or man-induced[J]. *ICES Journal of Marine Science*, 53（6）: 964-971.

CASTEL J, LABOURG P J, ESCARAVAGE V, et al, 1989. Influence of seagrass beds and oyster parks on the abundance and biomass patterns of meio-and macrobenthos in tidal flats[J]. *Estuarine, Coastal and Shelf Science*, 28（1）: 71-85.

CORTELEZZI A, CAPÍTULO A R, BOCCARDI L, et al, 2007. Benthic assemblages of a temperate estuarine system in South America:Transition from a freshwater to an estuarine zone[J]. *Journal of Marine Systems*, 68（3-4）:569-580.

DAHLBACK B, GUNNARSSON L Å H. Sedimentation and sulfate reduction under a mussel culture[J]. *Marine Biology*, 1981, 63:269-275.

DAY J W, Jr. HALL C A S, KEMP W M, et al, 1989. Estuarine Ecology[M]. New York:Wiley Interscience:339-376.

ENGLE V D, SUMMERS J K, 1999. Latitudinal gradients in benthic community composition in Western Atlantic estuaries[J]. *Journal of Biogeography*, 26: 1007-1023.

ERICKSON J M., SMITH T J, DOE R, et al, 2003. Herbivore feeding preferences as measured by leaf damage and stomatal ingestion: a mangrove example[J]. *Journal of Experimental and Marine Biology and Ecology*, 289: 123-138.

GONG Z J, 2001. Impact of eutrophication on biodiversity of macrozoobenthos community in a Chinese shadow lake[J]. *Freshwater Ecology*, 16(2): 174-178.

HASTIE B F, SMITH S, 2006. Benthic macrofaunal communities in intermittent estuaries during a drought: comparisons with permanently open estuaries[J]. *Journal of Expermental Marine Biology and Ecology*. 330: 356-367.

HERMAN P M J, HADIPYDJANA F A, JANSSEN R, et al, 2001. Benthic community structure and sediment processes on an intertidal flat: results from the ECOFLAT Project[J]. *Continental Shelf Research*, 21: 2055-2071.

HIGGINS R P, THIEL H, 1988. Introduction to the Study of Meiofauna[M]. Washington: Smithsonian Institution Press.

NORDHAUS I, HADIPUDJANA, F A, JANSSEN R, et al, 2009. Spatio-temporal variation of macrobenthic communities in the mangrove-fringed Segara Anakan lagoon, Indonesia, affected by anthropogenic activities[J]. Regional Environmental Change, 9: 291-313.

JENSEN K T, 1992. Macrozoobenthos on an intertidal mudflat in the Danish wadden sea: cinparis ons of surveys made in the 1930s, 1940s and 1980s[J]. *Heigol der Meeresunters*, 46: 363-376.

KARR J R, 1981. Assessment of biotic integrity using fish communities[J]. *Fisheries*, 6(6): 21-27.

KASPAR H F, GILLESPIE P A, BOYER I L, et al, 1985. Effects of mussel aquaculture on the nitrogen cycle and benthic communities in Kenepuru Sound, Malborough Sounds, New Zealand[J]. *Marine Biology*, 85: 127-136.

KRONCKE I, 1996. Impact of biodeposition on macrofaunal communities in intertidal sandflats[J]. *Marine Ecology*, 17: 159-174.

KUMAR R S, 1977. Vertical distribution and abundance of sediment dwelling macroinvertebrates in an estuarine mangrove biotope-southwest coast of India[J]. *Indian Journal of Marine Science*, 26（1）：26-30.

LALLI C M, PARSONS T R, 1993. Biological Oceanography：An Introduction[M]. New York：Pergamon Press.

LINDEGARTH M, HOSKIN M, 2001. Patterns of distribution of macro-fauna in different types of estuarine, soft sediment habitats adjacent to urban and non-urban areas[J]. *Estuarine, Coastal and Shelf Science*, 52：237-247.

López-Jamar-Martínez E, Francesch Ó, Vázquez-Dorrío Á, et al, 1995. Long-term variation of the infaunal benthos of La Coruña Bay（NW Spain）：results from a 12-year study（1982-1993）[J]. *Sci. Mar.* 1995, 59：49-61.

MERMILLOD-BLONDIN F, MARIE S, DESROSIERS G, et al, 2003. Assessment of the spatial variability of intertidal benthic communities by axial tomodensitometry：importance of fine-scale heterogeneity[J]. *Journal of Experimental Marine Biology and Ecology*, 287（2）：193-208.

NELSON D, DEMASTER M, DUNBAR D, et al, 1996. Cycling of organic carbon and biogenic silica in the Southern Ocean：Estimates of water-column and sedimentary fluxes on the Ross Sea continental shelf[J]. *Journal of Geophysical Research*, 101（8）：18519-18532.

PARK Y S, CHANG J B, LEK S, 2003. Conservation strategies for endemic fish species threatened by the Three Gorges Dam[J]. Conserv. Biol, 17（6）：1748-1758.

RESH V H, NORRIS R H, BARBOUR M T, 1995. Design and implementation of rapid assessment approaches for water resource monitoring using benthic macroinvertebrates[J]. *Australian Journal of Ecology*, 20：108-121.

ROTH S, WILSON J G, 1998. Functional analysis by trophic guilds of macrobenthic community structure in Dublin Bay, Ireland[J]. *Journal of Experimental Marine Biology and Ecology*, 222：195-217.

SARDÁ R, FOREMAN K, VALIELA I, 1994. Long-term changes of macroinfaunal assemblages in experimentally enriched salt marsh tidal crdal creeks[J]. Biol. Bull, 187（2）：282-283.

STILLMAN R A，CALDOW R W G，GOSS-CUSTARD J D，et al，2000. Individual variation in intake rate：the relative importance of foraging efficiency and dominance[J]. *Journal of Animal Ecology*，69（3）：484-493.

TOKESHI M，1995. Production ecology[M] // ARMITAGE P，CRANSTON P S，PINDER L C V. The Chironomidae：the Biology and Ecology of Non-Biting Midges. London：Chapman Hall：269-296.

WARWICK R M，2006. The integral structure of a benthic infaunal assemblage[J]. *Journal of Experimental Marine Biology and Ecology*，330（1）：12-18.

陈其羽，谢翠娴，梁彦龄，等，1982. 望天湖底栖动物种群密度与季节变动的初步观察［J］. 海洋与湖沼，3（1）：78-86.

池仕运，彭建华，万成炎，等，2009. 湖北省三道河水库底栖动物的初步研究［J］. 湖泊科学，21（5）：705-712.

仇乐，刘金娥，陈建琴，等，2010. 互花米草扩张对江苏海滨湿地大型底栖动物的影响［J］. 海洋学报，34（8）：50-55.

方涛，李道季，李茂田，等，2006. 长江口崇明东滩底栖动物在不同类型沉积物的分布及季节性变化［J］. 海洋环境科学，25（1）：24-26.

龚志军，谢平，阎云君，2001. 底栖动物次级生产力研究的理论与方法［J］. 湖泊科学，13（1）：79-88.

龚志军，谢平，唐汇涓，等，2001. 水体富营养化对大型底栖动物群落结构及多样性的影响［J］. 水生生物学报，25（3）：210-216.

郭术津，2012. 东海浮游植物群集研究［D］. 青岛：中国海洋大学.

国家环保局水生生物监测手册编委会，1993. 水生生物监测手册［M］. 南京：东南大学出版社.

韩洁，等，2001. 渤海大型底栖动物丰度和生物量的研究［J］. 青岛海洋大学学报，31（6）：889-896.

韩淑梅，何平，黄勃，等，2010. 东寨港典型红树林区底栖动物多样性特征指数比较研究［J］. 西北林学院学报，25（1）：123-126.

胡本进，2003. 阊江河一至六级支流底栖动物群落结构和功能及其 BI 指数水质评价［D］. 南京：南京农业大学.

胡本进，杨莲芳，王备新，等，2005. 阊江河 1-6 级支流大型底栖无脊椎动物取食

功能团演变特征 [J].应用与环境生物学报,11(4):463-466.

胡知渊,鲍毅新,程宏毅,等,2009.中国自然湿地底栖动物生态学研究进展 [J].
  生态学杂志,28(5):959-968.

蒋万祥,等,2009.香溪河水系大型底栖动物功能摄食类群生态学 [J].生态学报,
  29(10):5207-5218.

雷昆,张明祥,2005.中国的湿地资源及其保护建议 [J].湿地科学,3(2):81-86.

李广玉,叶思源,张正贤,等,2005.湿地的研究展望及其保护对策 [J].海洋地质
  动态,21(6):8-11.

厉红梅,李适宇,蔡立哲,2003.深圳湾潮间带底栖动物群落与环境因子的关系
  [J].中山大学学报(自然科学版),42(5):93-96.

林秀春,任帅,龚玉,等,2010.莆田互花米草入侵区大型底栖动物群落研究 [J].
  莆田学院学报,17(2):96-100.

刘录三,等,2009.辽东湾北部海域大型底栖动物研究:Ⅱ.生物多样性与群落结
  构 [J].环境科学研究,22(2):155-161.

刘茂奇,2009.扎龙湿地自然保护区大型底栖动物群落结构和多样性研究 [D].
  哈尔滨:东北林业大学.

刘茂奇,于洪贤,2009.安邦河湿地自然保护区秋季底栖动物群落结构研究及生
  物学评价 [J].水产学杂志,22(2):34-39.

刘玉,VERMAAT J E, DE RUYTER E D,等,2003.珠江流溪河大型底栖动物分布
  和氮磷因子的相关分析 [J].中山大学学报(自然科学版),42(1):95-99.

马徐发,等,2004.湖北道观河水库大型底栖动物的群落结构及物种多样性 [J].
  湖泊科学,16(1):49-55.

闫云君,李晓宇,梁彦龄,2005.草型湖泊和藻型湖泊中大型底栖动物群落结构的
  比较 [J].湖泊科学,17(2):176-182.

邵美玲,谢志才,叶麟,等,2006.三峡水库蓄水后香溪河库湾底栖动物群落结构
  的变化 [J].水生生物学报,30(1):64-69.

孙刚,等,2011.长春南湖底栖动物群落特征及其与环境因子的关系 [J].应用生
  态学报,12(2):319-320.

唐启升,范元炳,林海.中国海洋生态系统动力学研究发展战略初探 [J].地球科
  学进展,1996,(02):160-168.

王备新,2003.大型底栖无脊椎动物水质生物评价研究 [D].南京:南京农业大学.

王备新,杨莲芳,2004.我国东部底栖无脊椎动物主要分类单元耐污值 [J].生态
学报,24(12):2768-2775.

王丽珍,刘永定,陈亮,等,2007.滇池底栖无脊椎动物群落结构及水质评价 [J].
水生生物学报,31(4):590-593.

王新华,纪炳纯,王宏鹏,2008.天津市团泊水库底栖动物研究与水环境评价 [J].
四川动物,27(5):809-811.

王延明,李道季,方涛,等,2008.长江口及邻近海域底栖生物分布及与低氧区的
关系研究 [J].海洋环境科学,27(2):139-143.

王银东,2005.武汉市南湖大型底栖动物生态学和优势种群的遗传多样性 [D].
武汉:华中农业大学.

王银东,熊邦喜,杨学芬,2005.武汉市南湖大型底栖动物的群落结构 [J].湖泊科
学,17(4):327-333.

王宗兴,2007.中山水栖寡毛类区系调查及底栖动物对湖泊环境定量指示初探
[D].北京:中国科学院研究生院.

邬红娟,崔博,吕晋,等,2005.武汉湖泊底栖动物群落结构及水质生态评价 [J].
华中科技大学学报(自然科学版),33(10):96-98.

吴天惠,1991.新疆福海底栖动物的研究 [J].水生生物学报,15(4):303-313.

肖红,李钟玮,包军,等,2006.大庆水库底栖动物群落调查及生物学评价 [J].环
境科学与管理,31(9):181-183.

谢志发,2007.长江河口互花米草盐沼与大型底栖动物群落之间生态学关系 [D].
上海:华东师范大学.

谢志发,何文珊,刘文亮,等,2008.不同发育时间的互花米草盐沼对大型底栖动
物群落的影响 [J].生态学杂志,27(1):63-67.

熊飞,李文朝,潘继征,2008.高原深水湖泊抚仙湖大型底栖动物群落结构及多样
性 [J].生物多样性,16(3):288-297.

熊金林,梅兴国,胡传林,2003.不同污染程度湖泊底栖动物群落结构及多样性比
较 [J].湖泊科学,15(2):160-168.

熊昀青,2000.水质评价和监测的生物学方法进展 [J].上海环境科学,19(2):
79-81.

徐姗楠,陈作志,黄小平,等,2010.底栖动物对红树林生态系统的影响及生态学意义[J].生态学杂志,29(4):812-820.

徐希莲,2001.水生昆虫幼虫与水质的生物监测[J].莱阳农学院学报,18(1):66-70.

许巧情,2001.湖泊不同利用方式对底栖动物群落的影响[D].武汉:华中农业大学.

许巧情,王洪铸,张世萍,2003.河蟹过度放养对湖泊底栖动物群落的影响[J].水生生物学报,27(1):41-45.

颜玲,赵颖,韩翠香,等,2007.粤北地区溪流中的树叶分解及大型底栖动物功能摄食群[J].应用生态学报,18(11):2573-2579.

杨波,2004.我国湿地评价研究综述[J].生态学杂志,23(4):146-149.

杨丽,蔡立哲,童玉贵,等,2005.深圳湾福田潮滩重金属含量及对大型底栖动物的影响[J].台湾海峡,4(2):157-164.

杨宇峰,黄祥飞,2000.浮游动物生态学研究进展[J].湖泊科学,1:81-89.

尤平,任辉,2001.底栖动物及其在水质评价和监测上的应用[J].淮北煤师院学报,22(4):44-48.

俞大维,虞左明,1991.杭州西湖底栖动物群落的研究[J].水生生物学报,15(1):63-72.

袁兴中,2001.河口潮滩湿地底栖动物群落的生态学研究[D].上海:华东师范大学.

张丹,丁爱中,林学钰,等,2009.河流水质监测和评价的生物学方法[J].北京师范大学学报,45(2):200-204.

张建波,李利强,田琪,2002.洞庭湖底栖动物多样性及水质现状评价[J].内陆水产,3:42-43.

张培玉,2005.渤海湾近岸海域底栖动物生态学与环境质量评价研究[D].青岛:中国海洋大学.

张志南,2000.水层—底栖耦合生态动力学研究的某些进展[J].青岛海洋大学学报(自然科学版)(1):120-127.

赵俊权,杜国祯,陈家宽,2005.滇池湿地现状及保护对策[J].生态经济,4:77-79.

印红.湿地：人与自然和谐共存的家园——写在《湿地：人与自然和谐共存的家园——中国湿地保护》出版之际 [J].中国林业，2005，（02）：40.

郑重，曹文清，1984.中国海洋枝角类研究——Ⅲ.生殖 [J].海洋学报（中文版），3：377-388.

周细平，蔡立哲，傅素晶，等，2010.福建同安湾潮间带红树林生境与非红树林生境大型底栖动物群落比较 [J].生物多样性，18（1）：60-66.

周晓，2007.九段沙湿地自然保护区大型底栖动物生态学研究 [D].上海：华东师范大学.

朱延忠.夏、冬季北黄海大中型浮游动物群落生态学研究 [D].青岛：中国海洋大学，2008.

常会庆，丁学峰，蔡景波，2007.水生植物分泌物对微生物影响的研究 [J].水土保持研究，（4）：57-60.

段亮，夏四清，宋永会，等，2009.高密度微阵列基因芯片技术在微生物分子生态学研究中的运用 [J].环境科学（12）：3691-3697.

何晓红，李大平，陶勇，等.硝化菌群强化修复氨氮污染河流水体的初步研究 [J].环境科学报，29（9）：1944-1950.

胡宝兰，郑平，徐向阳，等，2006.一株反硝化细菌的鉴定及其厌氧氨氧化能力的证明 [J].中国科学 C 辑：生命科学（6）：493-499.

柯娜，肖昌松，应启锋，等，2003.一个可降解直链烷基苯磺酸盐的新种 [J].微生物学报（1）：1-7.

李哿，2011.活性污泥—生物膜复合系统脱氮除磷试验研究 [D].济南：山东建筑大学.

李小义，王丽萍，杜雅萍，等，2016.好氧反硝化微生物多样性及其反硝化功能初步研究 [J].氨基酸和生物资源（2）：37-45.

廖绍安，郑桂丽，王安利，等，2006.养虾池好氧反硝化细菌新菌株的分离鉴定及特征 [J].生态学报（11）：3718-3724.

苏婉昀，高俊发，赵红梅，2013.异养硝化-好氧反硝化菌的研究进展 [J].工业水处理（12）：1-5.

孙庆花，于德爽，张培玉，等，2016.1 株海洋异养硝化-好氧反硝化菌的分离鉴定及其脱氮特性 [J].环境科学（2）：647-654.

孙雪梅,李秋芬,张艳,等,2012. 一株海水异养硝化-好氧反硝化菌系统发育及脱氮特性 [J]. 微生物学报(6):687-695.

唐静杰,成小英,张光生,2009. 不同水生植物—微生物系统去除水体氮磷能力研究 [J]. 中国农学通报,25(22):270-273.

王弘宇,马放,苏俊峰,等,2007. 好氧反硝化菌株的鉴定及其反硝化特性研究 [J]. 环境科学(7):1548-1552.

王硕,徐巧,张光生,等,2017. 完全混合式曝气系统运行特性及微生物群落结构解析 [J]. 环境科学(2):665-671.

肖晶晶,郭萍,霍炜洁,等,2009. 反硝化微生物在污水脱氮中的研究及应用进展 [J]. 环境科学与技术(12):97-102.

杨浩,张国珍,杨晓妮,等,2017. 16S RNA 高通量测序研究集雨窖水中微生物群落结构和多样性 [J]. 环境科学,38(4):1704-1716.

翟茜,汪苹,李秀婷,等,2007. 活性污泥中好氧反硝化菌的富集筛选及鉴别 [J]. 环境科学与技术(1):11-13.

张小玲,梁运祥,2006. 一株反硝化细菌的筛选及其反硝化特性的研究 [J]. 淡水渔业(5):28-32.

张雪梅,佘跃惠,黄金凤,等,2008. 大庆油田聚合物驱后油藏微生物多样性研究 [J]. 应用与环境生物学报(5):668-672.

赵文莉,郝瑞霞,王润众,等,2015. 复合碳源填料反硝化脱氮及微生物群落特性 [J]. 中国环境科学(10):3003-3009.

郑林雪,李军,胡家玮,等,2015. 同步硝化反硝化系统中反硝化细菌多样性研究 [J]. 中国环境科学(1):116-121.

张光贵,2000. 用综合生物指数法评价水质 [J]. 环境监测管理与技术,12(5):27-29.

附　　录

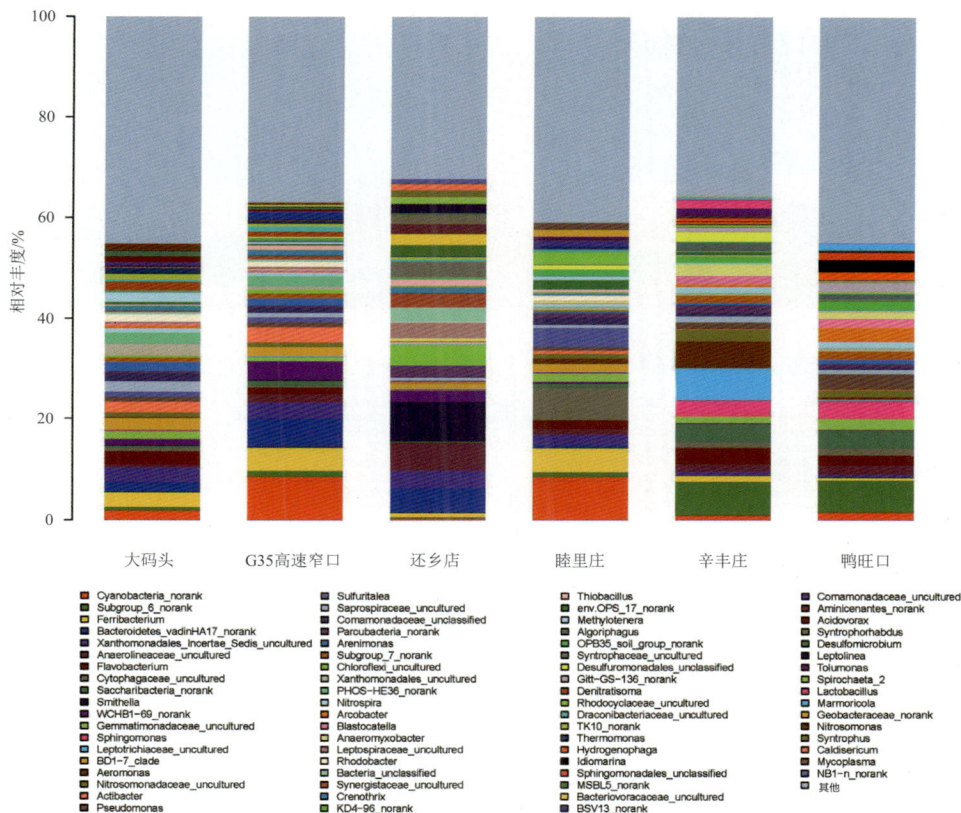

图 1-3-1　沉积物微生物群落结构

DNA 序列比对注释分析应用的是在线数据库。有些序列比对注释结果无法将物种归属到具体某一分类阶元,其中有些对应的分类阶元尚未被确认(Unidentified),有些受限于数据库信息而在某个分类水平上没有明确的分类信息(No_Rank、norank)。为了呈现完整的注释信息,本书采用序列比对上的数据库中的原始信息。原始信息中,有些分类阶元名前端字母"P"代表分类阶元门,"C"代表分类阶元纲,"O"代表分类阶元目,"F"代表分类阶元科,"G"代表分类阶元属。

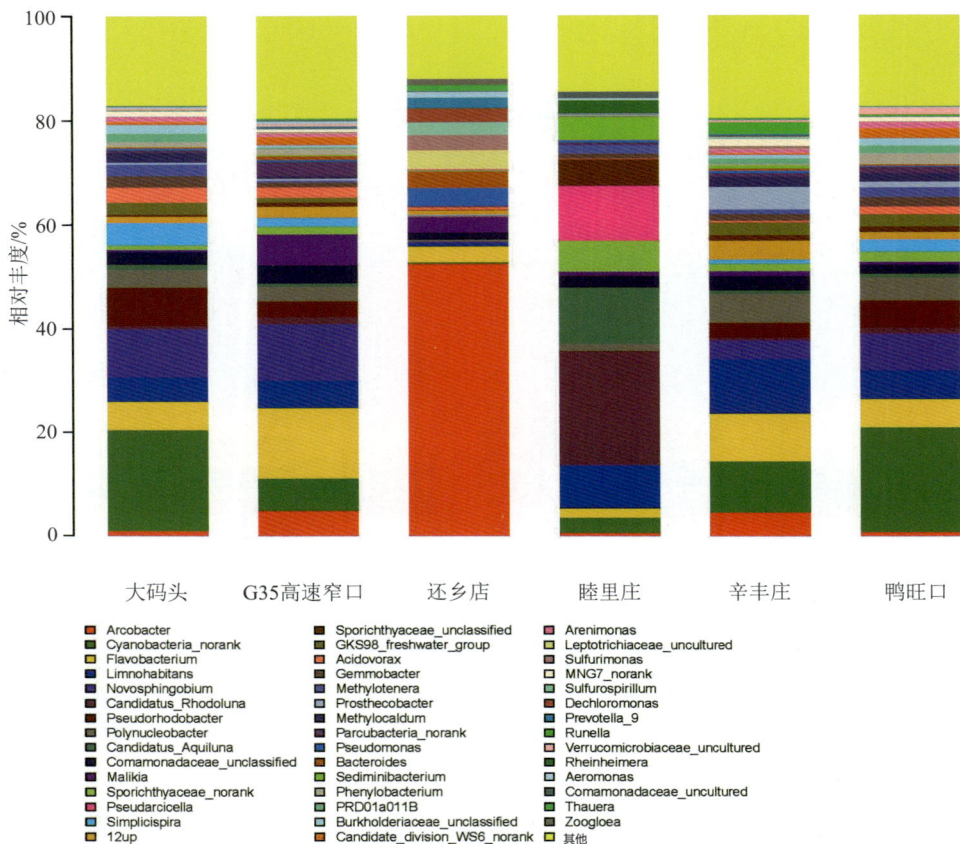

Legend		
Arcobacter	Sporichthyaceae_unclassified	Arenimonas
Cyanobacteria_norank	GKS98_freshwater_group	Leptotrichiaceae_uncultured
Flavobacterium	Acidovorax	Sulfurimonas
Limnohabitans	Gemmobacter	MNG7_norank
Novosphingobium	Methylotenera	Sulfurospirillum
Candidatus_Rhodoluna	Prosthecobacter	Dechloromonas
Pseudorhodobacter	Methylocaldum	Prevotella_9
Polynucleobacter	Parcubacteria_norank	Runella
Candidatus_Aquiluna	Pseudomonas	Verrucomicrobiaceae_uncultured
Comamonadaceae_unclassified	Bacteroides	Rheinheimera
Malikia	Sediminibacterium	Aeromonas
Sporichthyaceae_norank	Phenylobacterium	Comamonadaceae_uncultured
Pseudarcicella	PRD01a011B	Thauera
Simplicispira	Burkholderiaceae_unclassified	Zoogloea
12up	Candidate_division_WS6_norank	其他

图 1-3-2　水体微生物群落结构

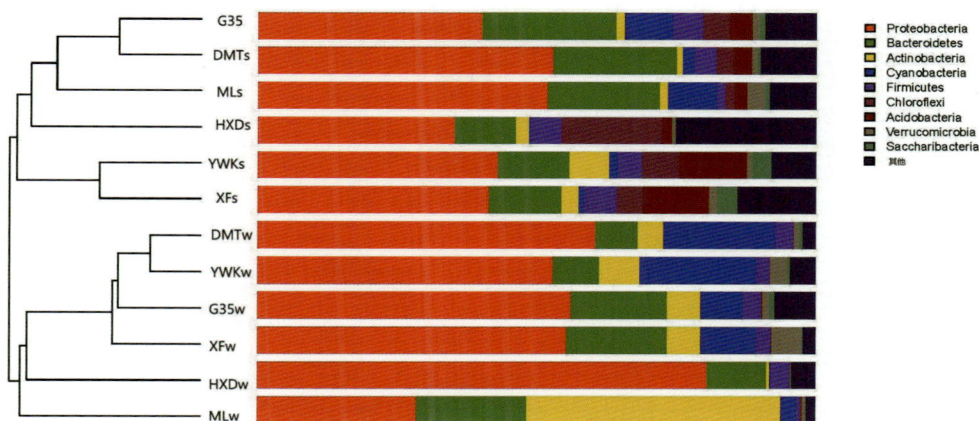

图 1-3-15　门水平群落相似性聚类分析

G35s. G35 高速窄口沉积物微生物群落；DMTs. 大码头沉积物微生物群落；MLs. 睦里庄沉积物微生物群落；HXDs. 还乡店沉积物微生物群落；YWKs. 鸭旺口沉积物微生物群落；XFs. 辛丰庄沉积物微生物群落；G35w. G35 高速窄口水体微生物群落；DMTw. 大码头水体微生物群落；MLw. 睦里庄水体微生物群落；HXDw. 还乡店水体微生物群落；YWKw. 鸭旺口水体微生物群落；XFw. 辛丰庄水体微生物群落。

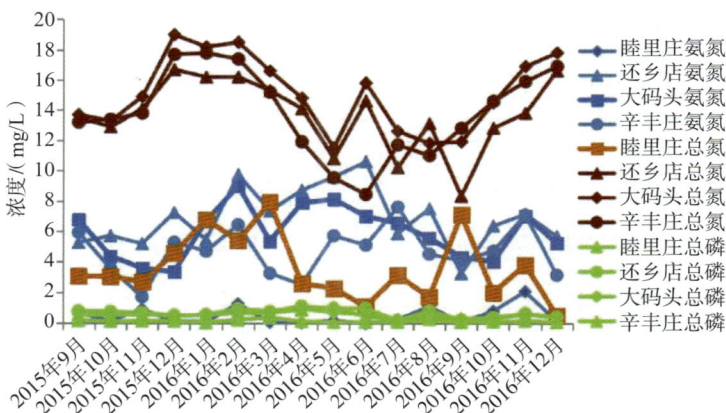

图 1-4-2　水体氨氮、总氮和总磷含量随时间的动态变化

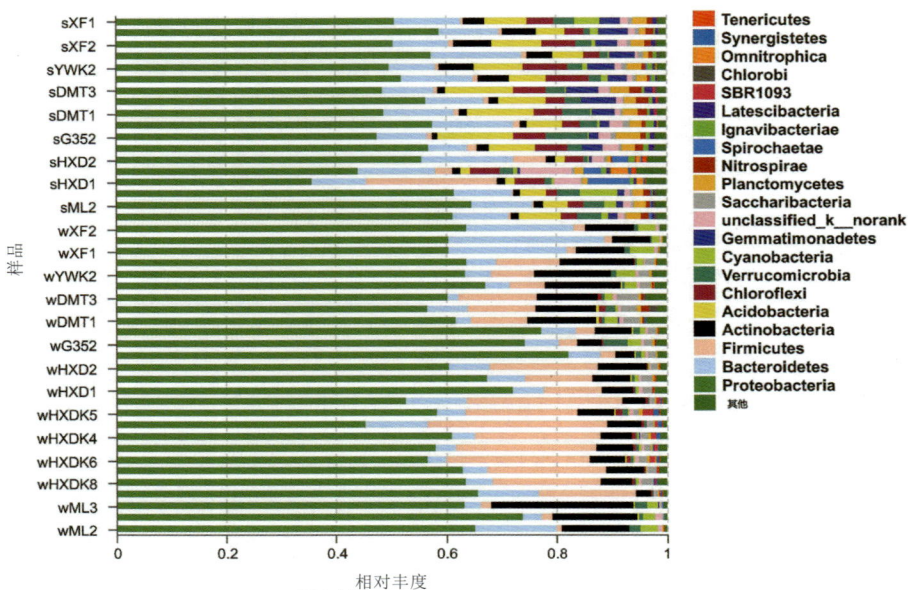

图 2-4-10　3 月份各断面水体和沉积物微生物群落结构

注：3 月份增采了还乡店排污口处的水样，记为 wHXDK。下同，不另出注。

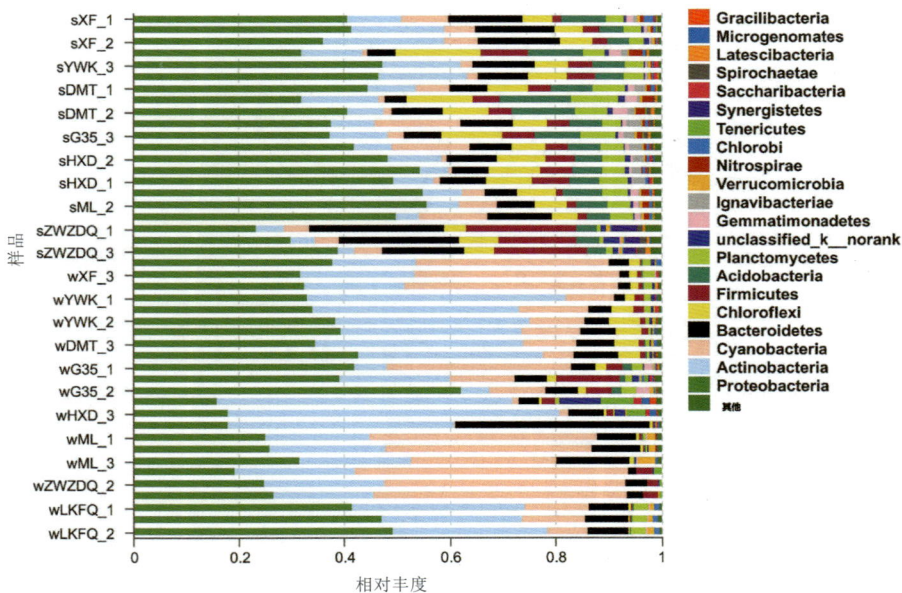

图 2-4-11　6 月份各断面水体和沉积物微生物群落结构

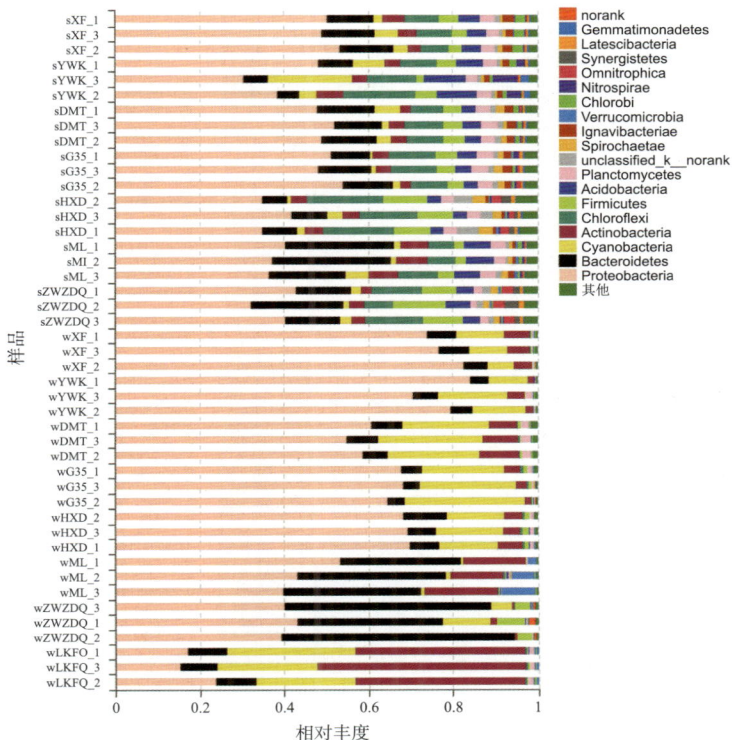

图 2-4-12　9 月份各断面水体和沉积物微生物群落结构

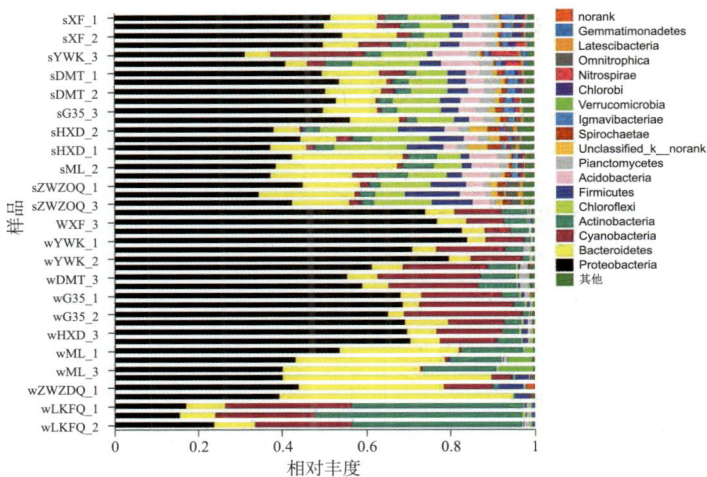

图 2-4-13　12 月份各断面水体和沉积物微生物群落结构

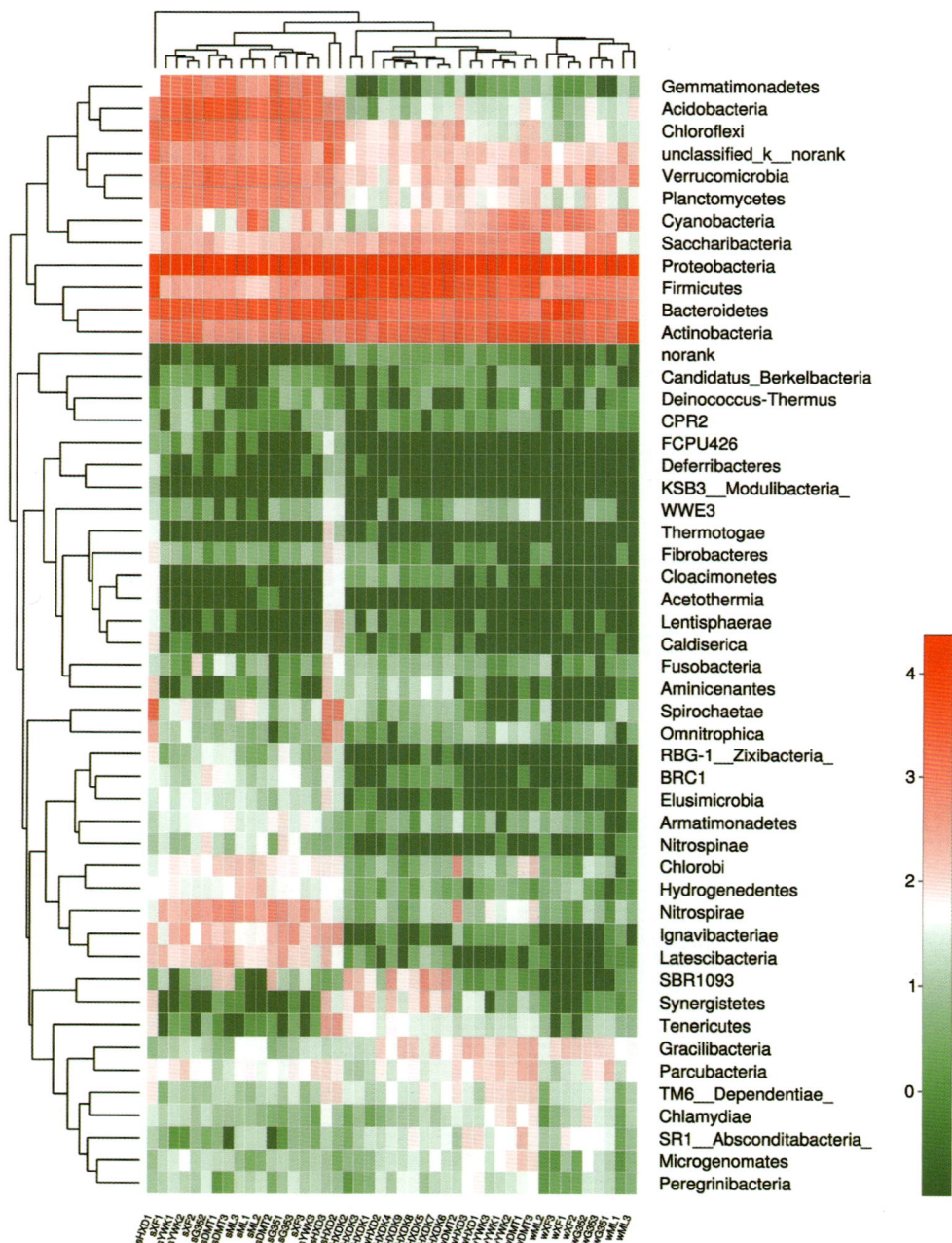

图 2-4-14　3 月份各断面水体和沉积物高丰度微生物热图

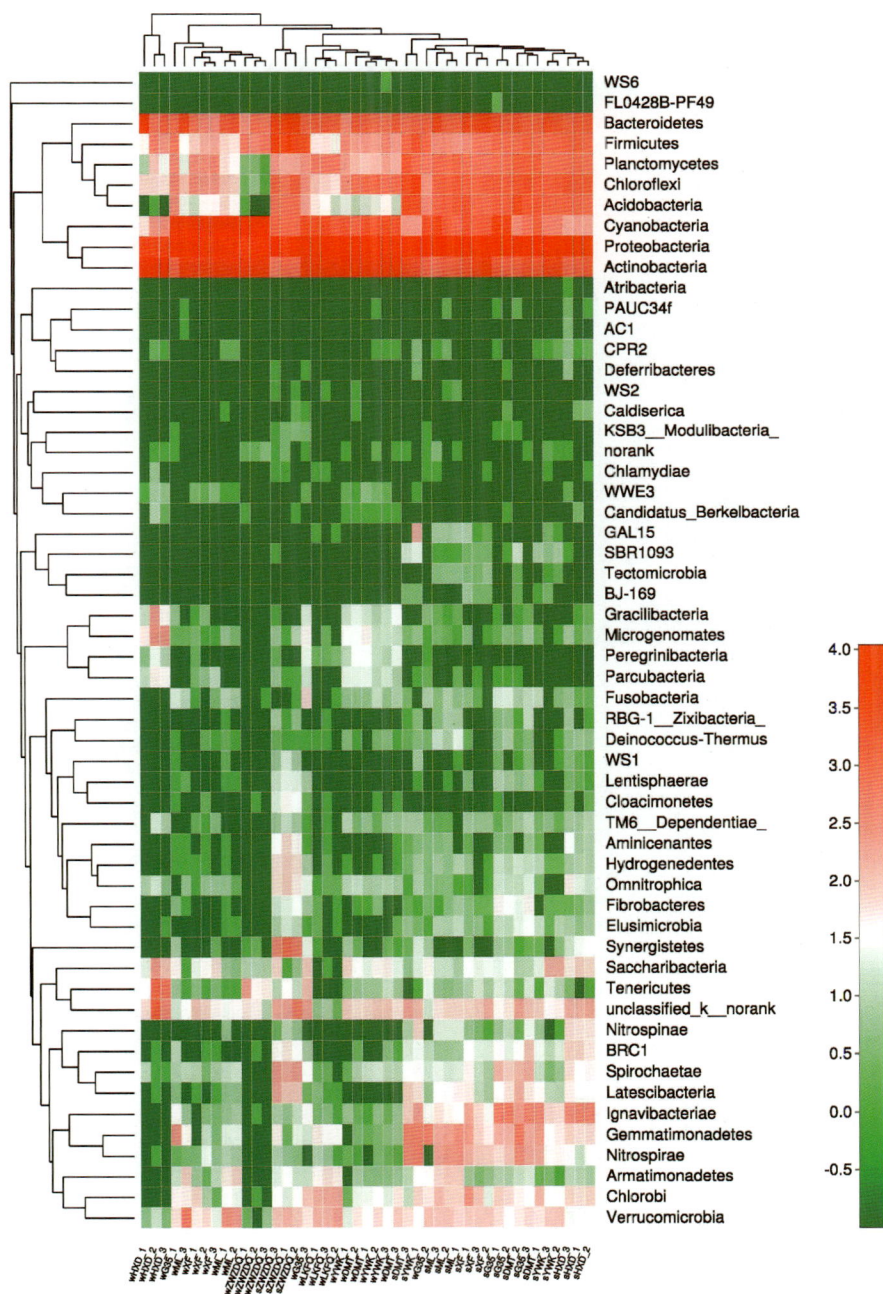

图 2-4-15　6 月份各断面水体和沉积物高丰度微生物热图

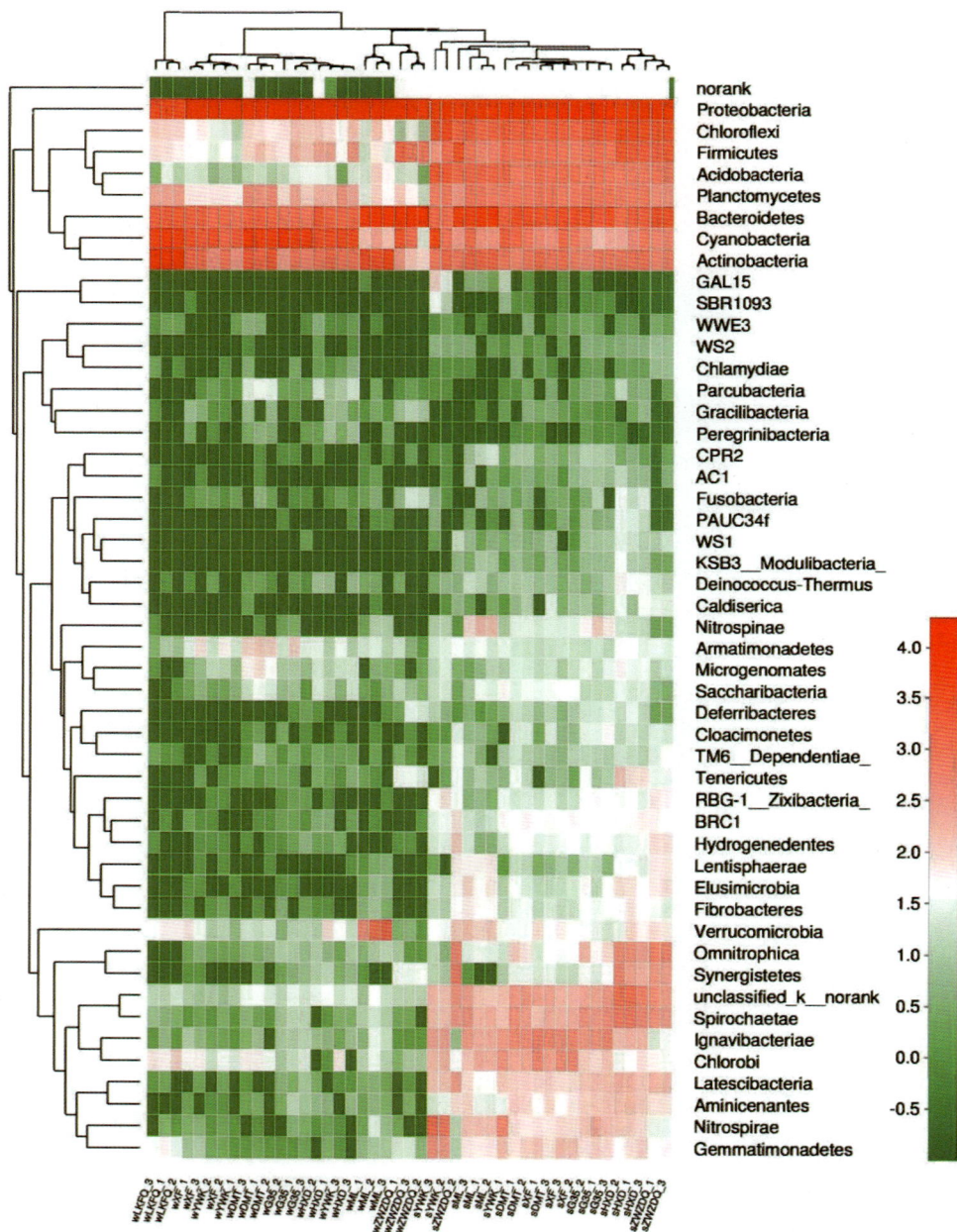

图 2-4-16　9月份各断面水体和沉积物高丰度微生物热图

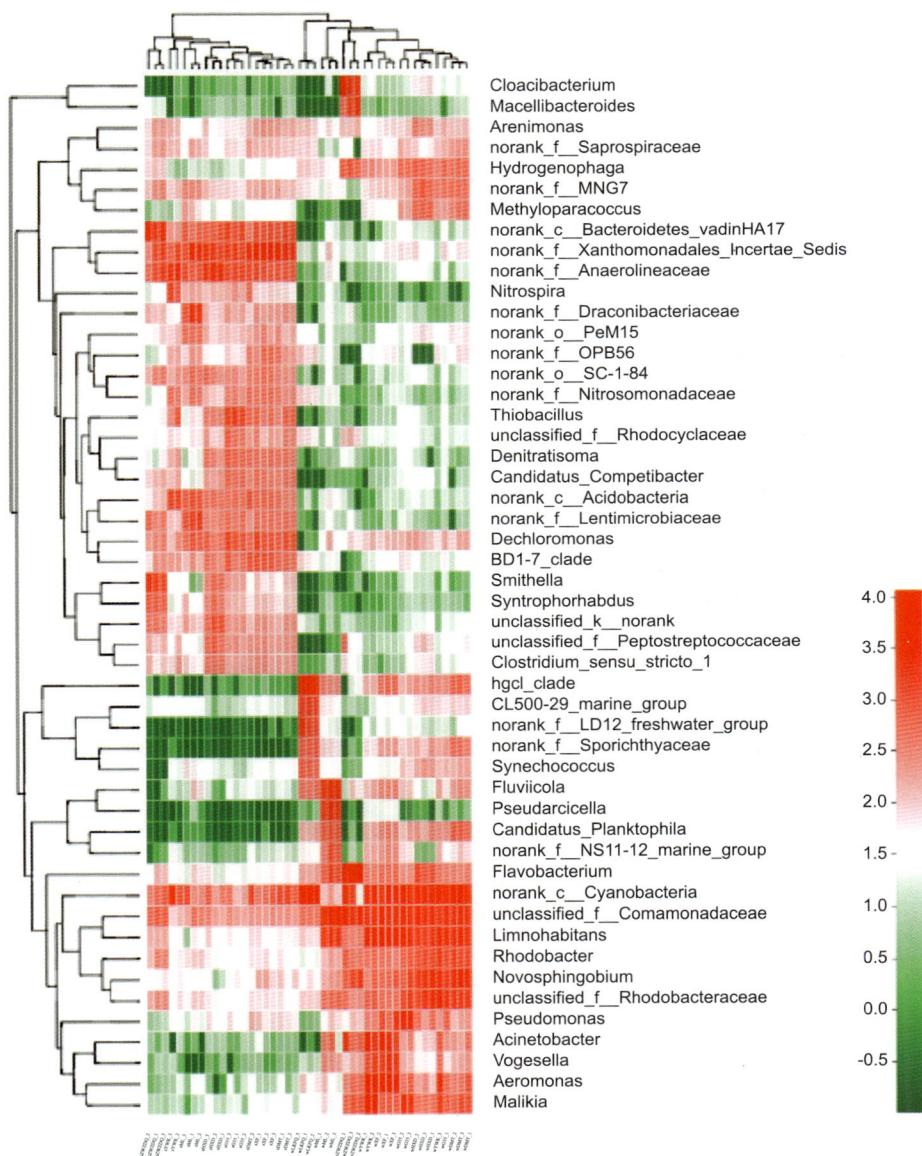

图 2-4-17 12 月份各断面水体和沉积物高丰度微生物热图

横坐标从左到右依次是 sZWZDQ_2、sZWZDQ_1、sZWZDQ_3、sYWK_3、sYWK_2、sML_3、sML_1、
sML_2、sHXD_3、sHXD_2、sHXD_1、sG35_3、sG35_1、sG35_2、sDMT_2、sXF_1、sXF_2、sXF_3、sDMT_1、
sDMT_2、wLKFQ_3、wLKFQ_1、wLKFQ_2、wML_1、wML_2、wML_3、wZWZDQ_1、wZWZDQ_3、
wZWZDQ_2、wYWK_1、wYWK_2、wXF_2、wXF_1、wXF_3、wG35_2、wG35_3、wHXD_2、wHXD_3、
wHXD_1、wYWK_3、wG35_1、wDMT_2、wDMT_3、wDMT_1

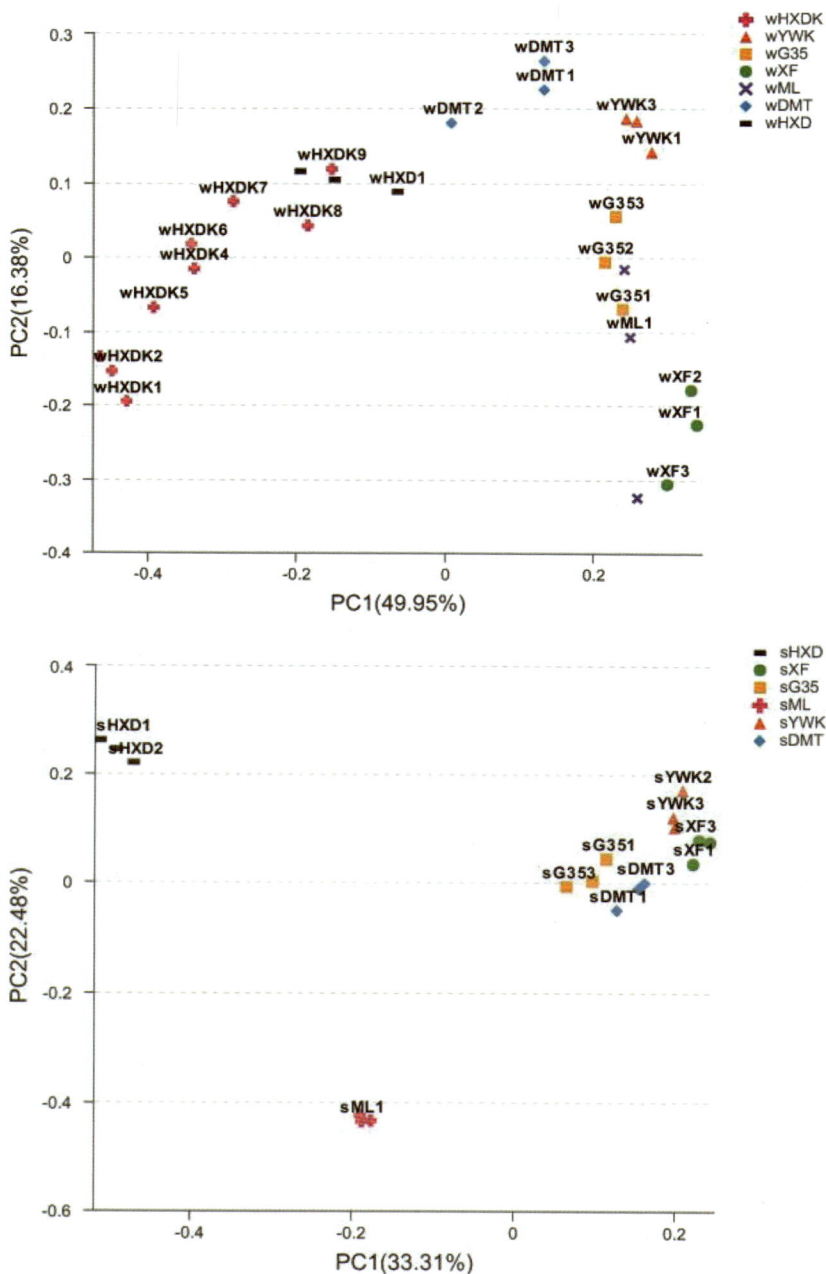

图 2-4-46　3 月份各断面水体和沉积物微生物群落 OTU 主坐标分析

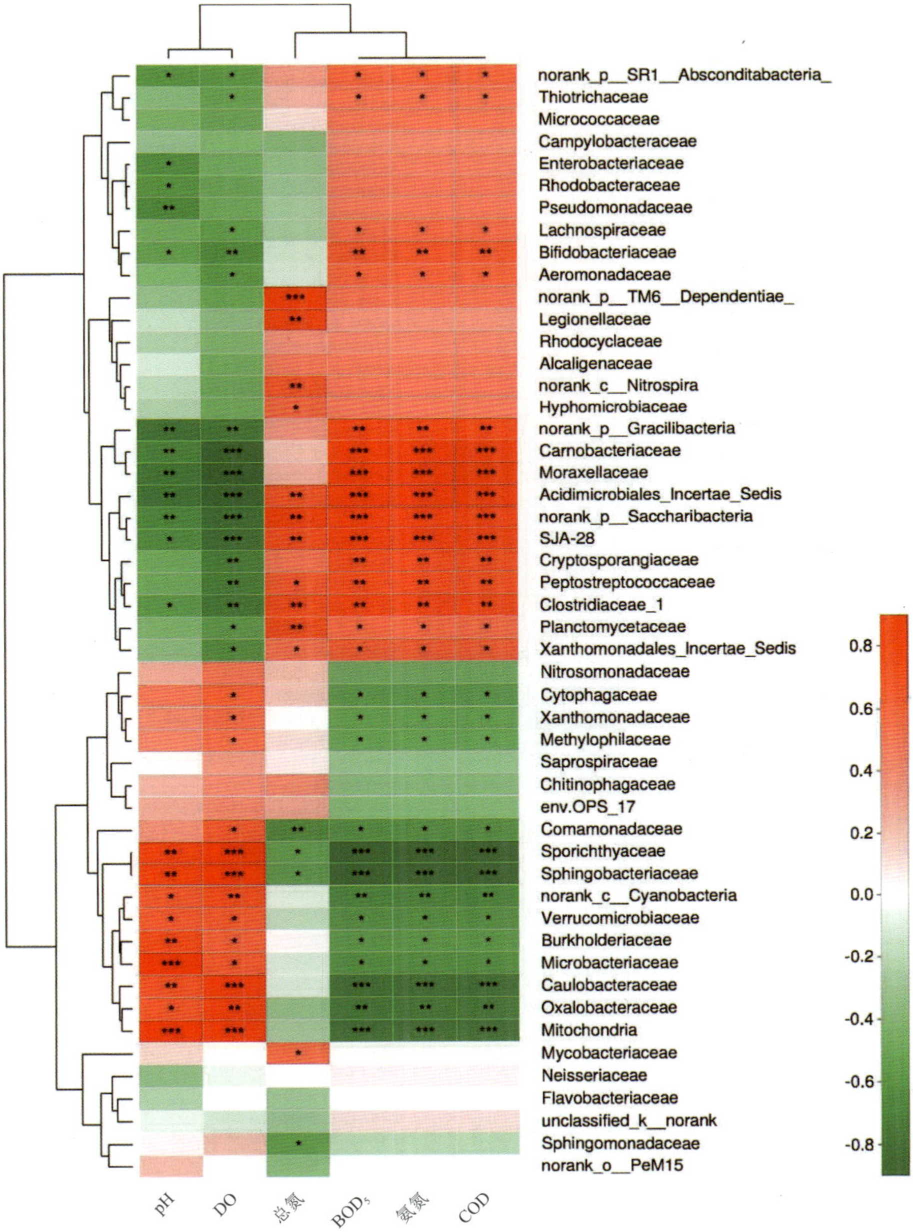

图 2-4-152　3 月份环境因子与微生物科的相关性热图

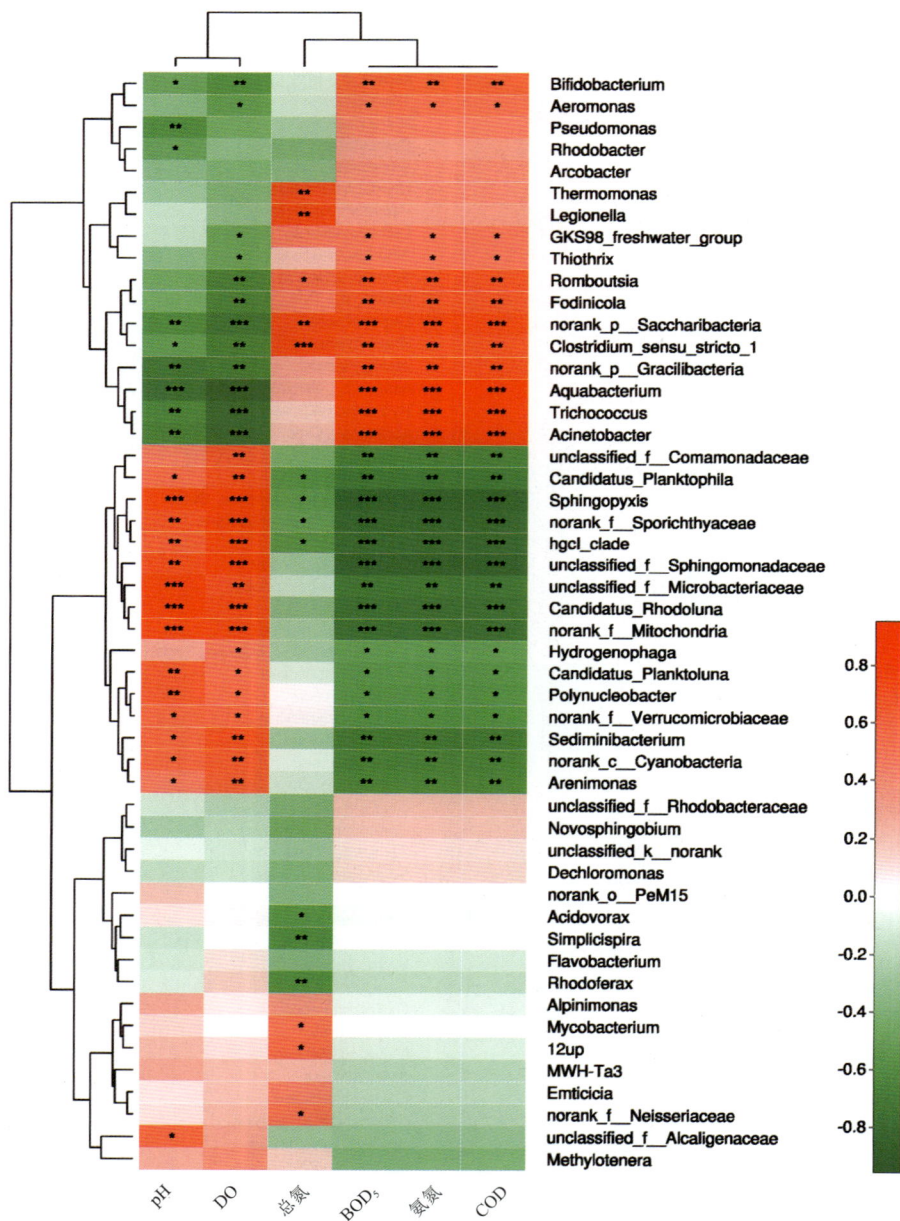

图 2-4-153　3 月份环境因子与微生物属的相关性热图

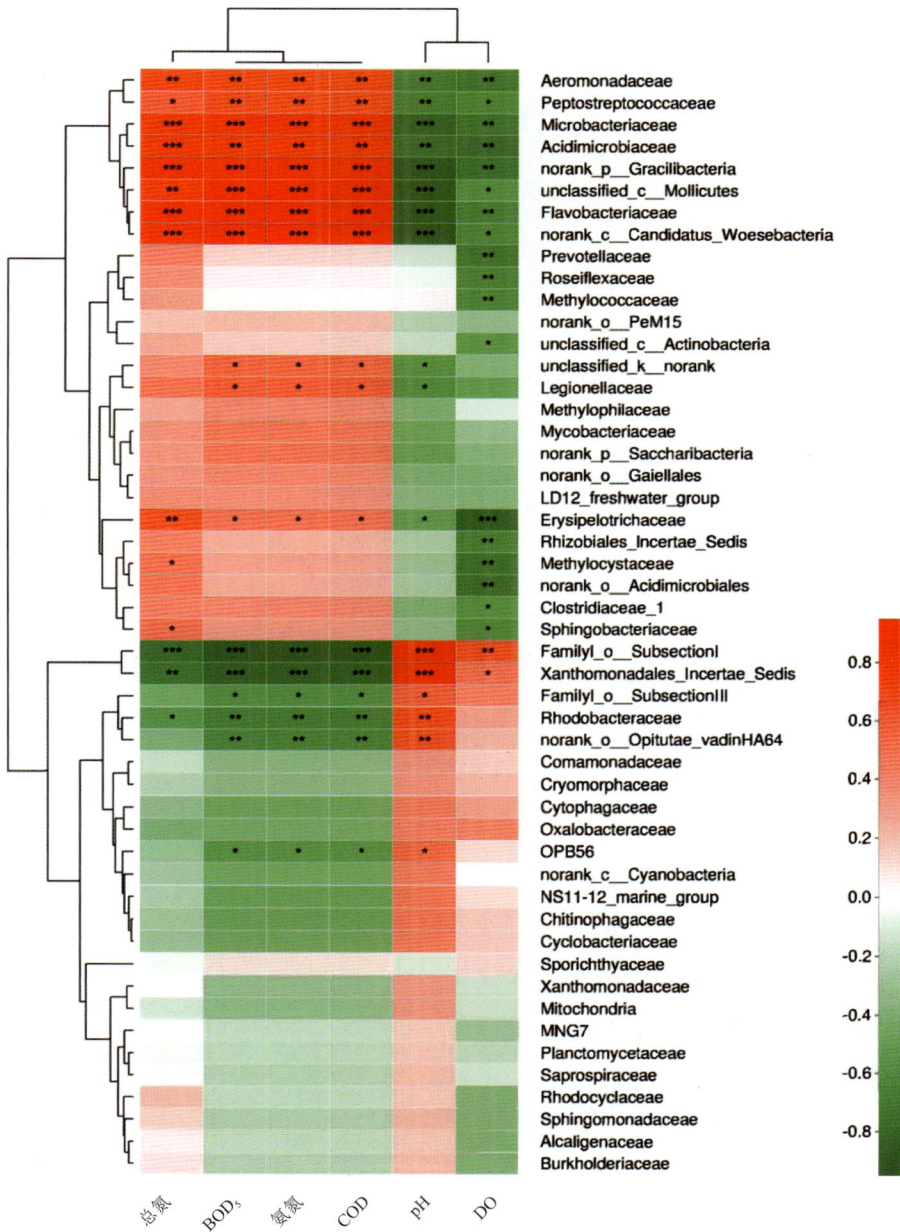

图 2-4-154　6 月份环境因子与微生物科的相关性热图

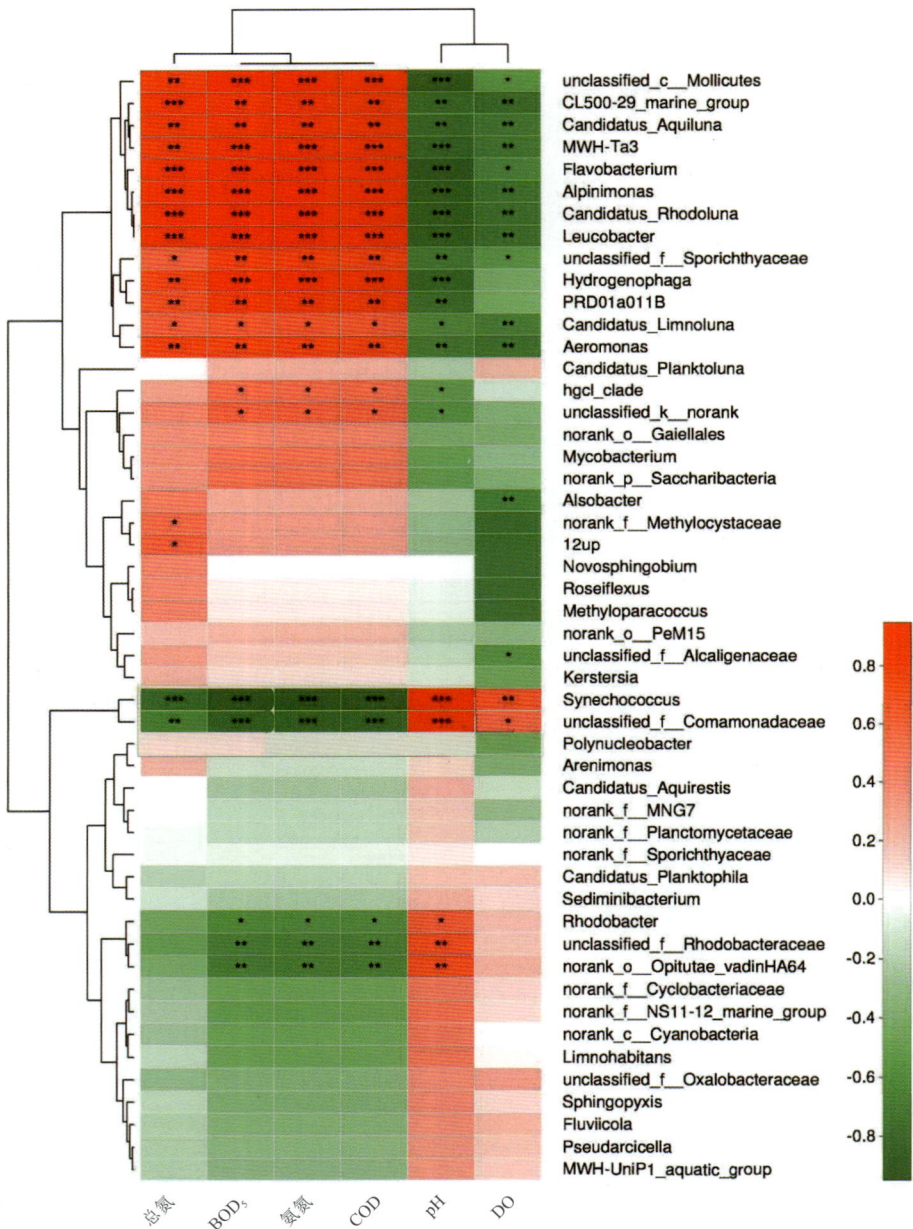

图 2-4-155 6月份环境因子与微生物属的相关热图

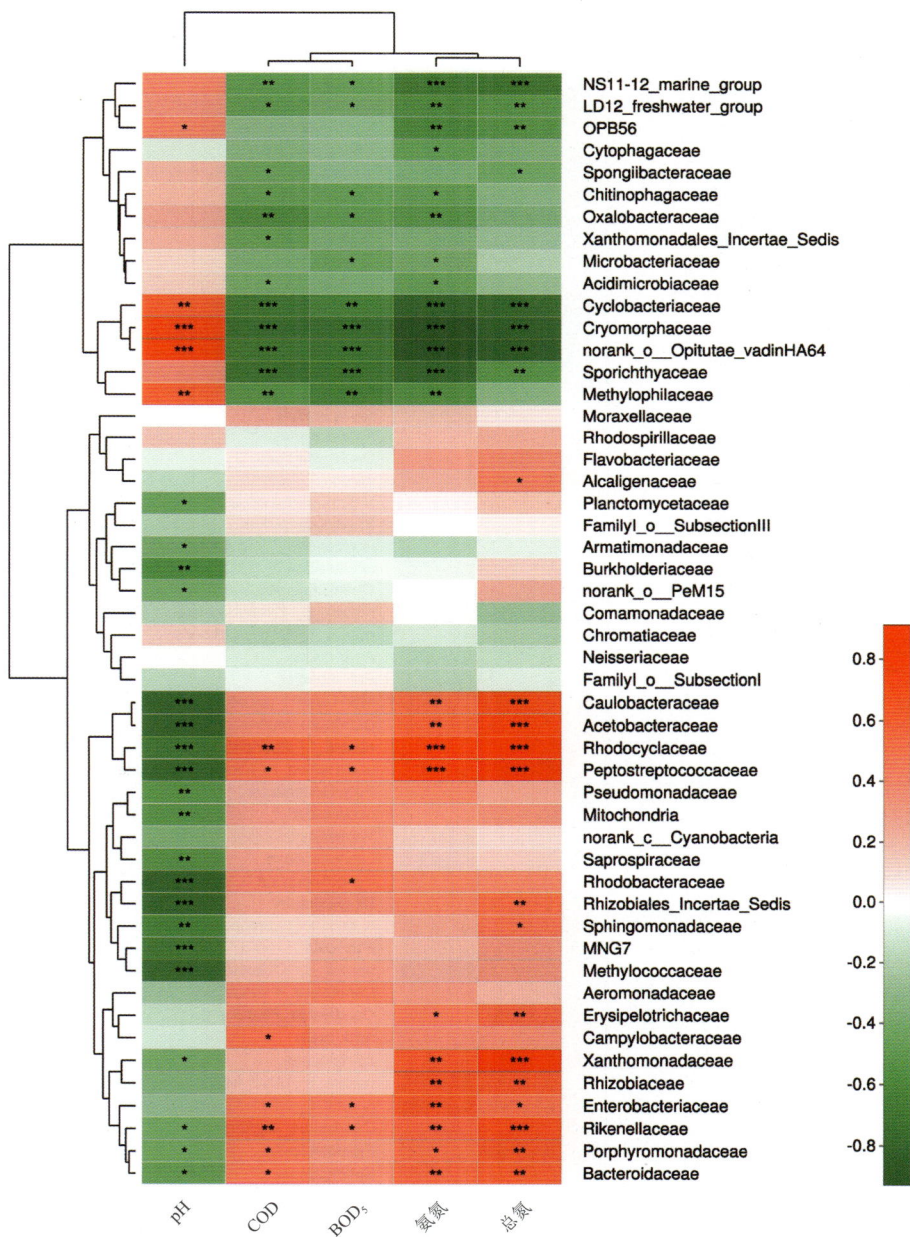

图 2-4-156　9 月份环境因子与微生物科的相关性热图

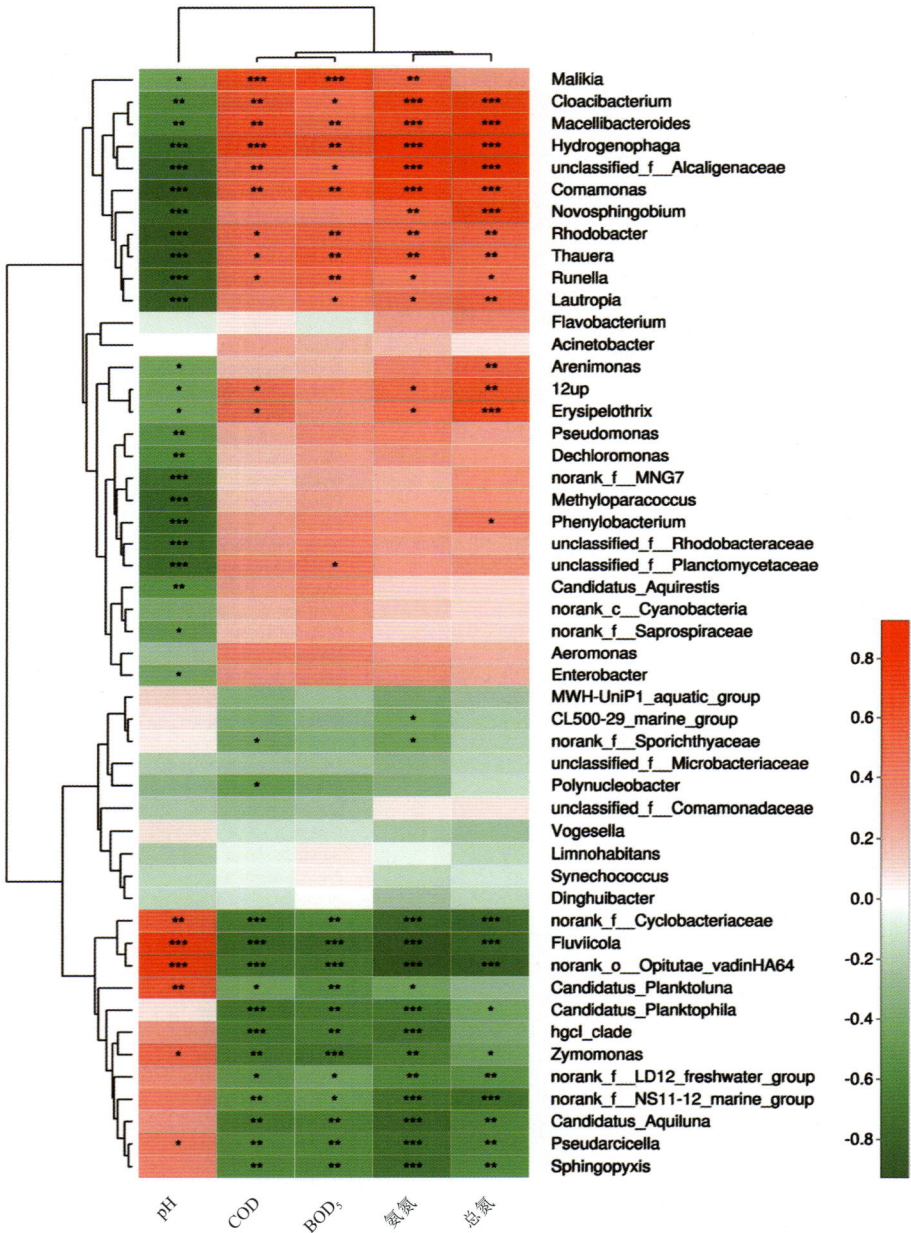

图 2-4-157　9月份环境因子与微生物属的相关性热图

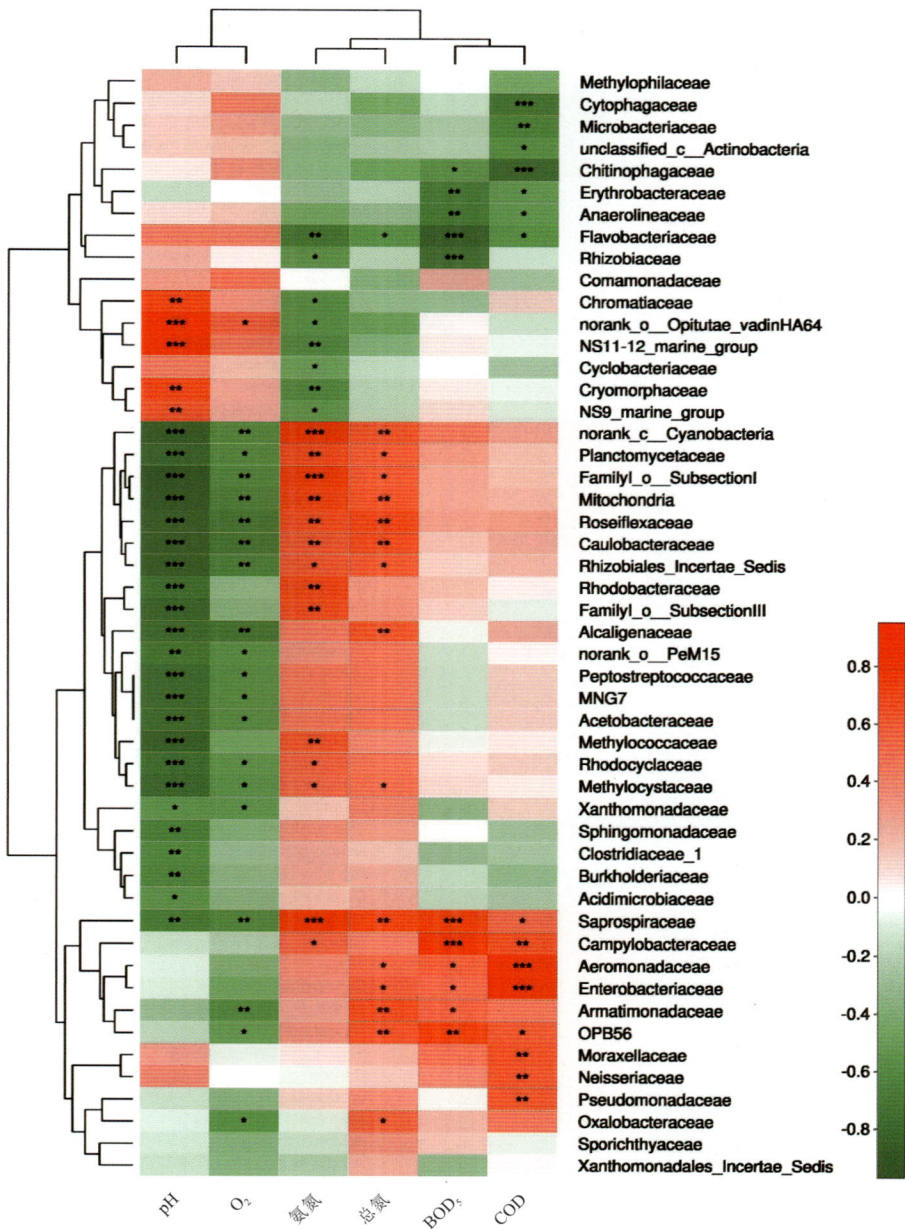

图 2-4-158　12 月份环境因子与微生物科的相关性热图

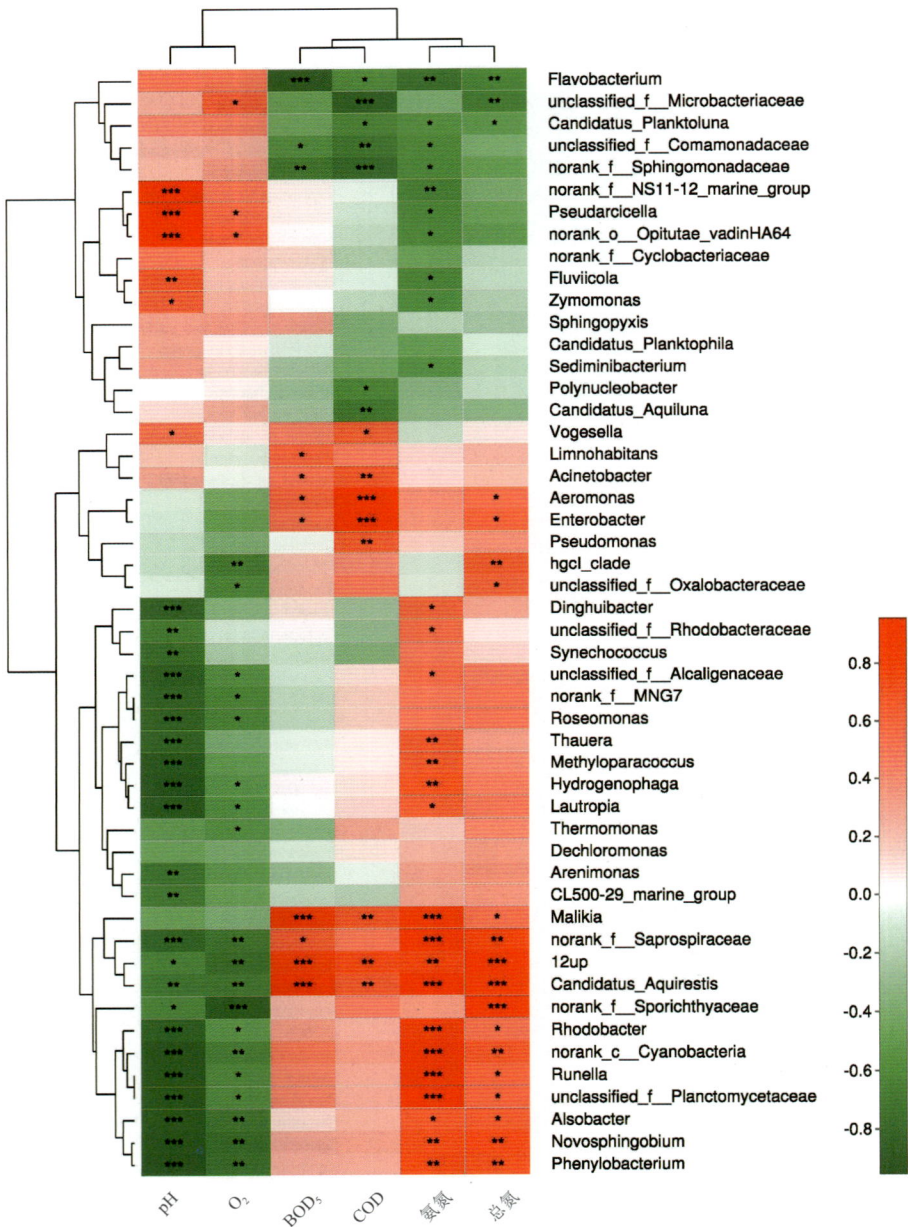

图 2-4-159　12 月份环境因子与微生物属的相关性热图